»Das **Wichtigste** ist,
 die wahre **Verbindung** zu
seinem Hund **zu finden**.«

José Arce

JOSÉ ARCE

Meine
5 Geheimnisse für eine
glückliche Mensch-Hund-Beziehung

JOSÉ ARCE

Meine
5 Geheimnisse für eine
**glückliche
Mensch-Hund-
Beziehung**

DIE GU-QUALITÄTS-GARANTIE

Wir möchten Ihnen mit den Informationen und Anregungen in diesem Buch das Leben erleichtern und Sie inspirieren, Neues auszuprobieren. Bei jedem unserer Produkte achten wir auf Aktualität und stellen höchste Ansprüche an Inhalt, Optik und Ausstattung. Alle Informationen werden von unseren Autoren und unserer Fachredaktion sorgfältig ausgewählt und mehrfach geprüft. Deshalb bieten wir Ihnen eine 100 %ige Qualitätsgarantie.

Darauf können Sie sich verlassen:
Wir legen Wert auf artgerechte Tierhaltung und stellen das Wohl des Tieres an erste Stelle. Wir garantieren, dass:
- alle Anleitungen und Tipps von Experten in der Praxis geprüft und
- durch klar verständliche Texte und Illustrationen einfach umsetzbar sind.

Wir möchten für Sie immer besser werden:
Sollten wir mit diesem Buch Ihre Erwartungen nicht erfüllen, lassen Sie es uns bitte wissen! Nehmen Sie einfach Kontakt zu unserem Leserservice auf. Sie erhalten von uns kostenlos einen Ratgeber zum gleichen oder ähnlichen Thema. Die Kontaktdaten unseres Leserservice finden Sie am Ende dieses Buches.

GRÄFE UND UNZER VERLAG
Der erste Ratgeberverlag – seit 1722.

7   Vorwort von Peter Maffay

WAS UNSERE HUNDE WIRKLICH BRAUCHEN

11   Nichts als Probleme
19   Wie Hunde ticken
29   Es ist nie zu spät

Geheimnis 1: FÜHRUNG ÜBERNEHMEN

35   Einer für alle
39   Wenn die Balance kippt
45   So werden Sie die Nummer 1
58   *Interview: Jede Gruppe braucht einen Anführer*

Geheimnis 2: NATÜRLICHE INSTINKTE WIEDERENTDECKEN

63   Das Erbe der Wölfe
69   Hunde sind keine Menschen
79   Eine Frage des Respekts
84   *Interview: Hunde bringen uns zurück zu unseren Wurzeln*

Inhaltsverzeichnis

Geheimnis 3:
FÜR AUFGABEN UND BESCHÄFTIGUNG SORGEN

- 89 Jeder Einzelne ist wichtig
- 97 Diszipliniert Gassi gehen
- 109 Das Beste zum Schluss
- 112 *Interview: Hunde haben ihre ureigenen Bedürfnisse*

Geheimnis 4:
RUHE SCHENKEN

- 117 Ein natürlicher Rhythmus
- 121 Hunde müssen ausruhen
- 127 Jetzt ist aber mal Ruhe!
- 138 *Interview: Manche Hunde benötigen einfach unsere Hilfe*

Geheimnis 5:
DIE RICHTIGE SPRACHE FINDEN

- 143 Sprache ohne Worte
- 155 Was willst du?
- 163 Ich verstehe dich!
- 172 *Interview: Wir können eine gemeinsame Sprache finden*

- 176 Hallo, ich bin José …

Zum Nachschlagen
- 188 Register
- 190 Bücher und Adressen, die weiterhelfen
- 192 Impressum

VORWORT VON PETER MAFFAY

*Hunde wollen da sein, wo es ihnen gut geht.
Wir sollten ihnen Respekt entgegenbringen.*

Ich lernte José Arce kennen, als wir Probleme mit einem unserer Hunde auf Mallorca hatten, und ich habe schnell gemerkt, dass wir auf einer Wellenlänge funken. José hat ein feines Gespür für das natürliche Verhalten von Hunden. Er lässt sich auf ihre Psyche ein und übt keinen Druck aus, sondern ist im Umgang mit ihnen sanft, ruhig und sicher. Er erkennt, wo es Konflikte und Ventile gibt, wo sich die Wege kreuzen und wo gegenseitiges Verständnis herrscht. Er bringt ihnen und ihrem Wesen Respekt entgegen. Wenn man weiß, wie Hunde ticken, fällt es leicht, richtig mit ihnen umzugehen. Es ist wie mit dem Motorradfahren: Wenn man das kann, macht man es im Schlaf. Wo andere sagen, hier muss ich auf die Kurve aufpassen, fahr ich sie einfach. Ich denke nicht nach, sondern tu es. Genauso ist es bei José. Er weiß genau, wie die Lösung aussieht und wie man sie umsetzt.

Ich glaube fest, dass es einen Schlüssel zu mehr Verständnis gibt. Jeder, der dazu bereit ist, kann lernen, die wahre Natur der Hunde zu erkennen. José hat das Talent, den Menschen die Tür zu diesem besseren Verständnis zu öffnen. Er zeigt uns keine Tricks, es passiert etwas in unserem Kopf, in unserem Herzen und in unserer Seele. Und mal ganz ehrlich, sozusagen von Hund zu Hund: Es macht beiden Seiten Riesenspaß.

Peter Maffay

WAS UNSERE HUNDE WIRKLICH BRAUCHEN

Zwischen Mensch und Hund besteht eine natürliche Verbindung, die in unserer modernen Welt jedoch leicht verloren gehen kann. Der Weg zu einer echten Beziehung führt über unsere Instinkte – und über die des Hundes.

NICHTS ALS PROBLEME

Hund und Mensch sind sich auf den ersten Blick so ähnlich. Aber das heißt noch lange nicht, dass das Zusammenleben immer reibungslos verläuft.

Wenn ich heute durch Palma de Mallorca oder irgendeine andere europäische Stadt laufe, sehe ich immer mehr Frauen und Männer mit Hunden. Das freut mich, weil ich Hunde wirklich liebe. Leider aber erkenne ich oft auch schon auf den ersten Blick, dass in der Beziehung zwischen Mensch und Tier etwas nicht stimmt. Die einen Hunde zerren wie verrückt an der Leine, andere laufen viele Meter vor ihrem Frauchen oder Herrchen, wieder andere fallen so weit zurück, dass man gar nicht weiß, zu wem sie gehören. Manche stürmen auf ihre Artgenossen zu, wie von der Tarantel gestochen, andere bellen jedes Motorrad oder jeden Müllmann an. Oder sie verstecken sich verängstigt hinter ihrem Herrchen, sobald es brenzlig zu werden scheint. Und die Menschen? Die einen wickeln sich sofort mehrmals die Leine ums Handgelenk, wenn sie einen anderen Hund nur von Weitem erspähen und sprechen beruhigend auf ihren eigenen Vierbeiner ein. Oder sie nehmen ihren Hund, wenn es die Größe zulässt, bei der kleinsten »Gefahr« gleich auf den Arm.

Dann gibt es noch diejenigen, die ihren Hund an der Rollleine einfach drauflosaufen lassen oder sich überhaupt nicht um ihn kümmern, weil sie der Meinung sind, dass er ihnen automatisch auf Schritt und Tritt folgt. Zugegeben: Die Situationen sind hier etwas überspitzt wiedergegeben. Aber was ich damit zeigen will, ist, dass in vielen Fällen der Mensch die Situation nicht unter Kontrolle hat, wodurch der Spaziergang schnell in Stress ausarten kann.

Wenn es beim Gassigehen nicht stimmt, ist oft in der ganzen Mensch-Hund-Beziehung der Wurm drin. Das mag beunruhigend klingen. Andererseits bedeutet es aber auch, dass das Spazierengehen beiden schnell wieder Spaß macht, sobald man weiß, woran es grundsätzlich hapert. Das Gleiche gilt, wenn ein Hund andere schlechte Angewohnheiten hat, die das Verhältnis belasten und daher unnötigerweise für Dauerstress sorgen.

»Es ist unsere Pflicht, dafür zu sorgen, dass jeder Hund ein artgerechtes Leben führen kann.«

WAS UNSERE HUNDE WIRKLICH BRAUCHEN

Wenn der Hund überhaupt nicht macht, was man will, wird der Spaziergang schnell zum Spießrutenlauf.

Wenn der Hund zum Beispiel ständig an seinem Besitzer hochspringt, ihm seinen Platz auf der Couch streitig macht oder ihn beim Fressen anknurrt. Wenn er anderen Tieren und Kindern hinterherjagt, nicht Autofahren will oder nicht alleine bleiben kann, ohne die Wohnung zu verwüsten oder die Nachbarn mit seinem Gejaule wahnsinnig zu machen. Die meisten Probleme, die der Mensch mit seinem Hund hat, lassen sich ebenfalls auf die einfach Formel bringen: Kontrolle weg, Harmonie weg.

Unser bester Freund

Wir können zwar heute nur noch spekulieren, weshalb sich der Mensch und der Wolf vor vielen tausend Jahren zusammengeschlossen haben. Beide lebten in einer Gemeinschaft mit einer sozialen Rangordnung, traten nach außen aber als geschlossene Gruppe auf, die zusammen jagte und die erbeutete Nahrung untereinander aufteilte. Beide Arten zogen umher und anders als bei vielen anderen Säugetieren hing das Überleben der Jungen nicht allein von der Mutter, sondern auch vom Rest der Truppe ab. Der Wolf war dem Menschen in vielerlei Hinsicht also weitaus ähnlicher als zum Beispiel die Primaten, die immerhin unsere nächsten Verwandten im Tierreich sind. Gute Voraussetzungen für ein gemeinschaftliches Leben. Als unsere Ahnen sesshaft wurden, entdeckten einige Wölfe, dass es in der Nähe der menschlichen Siedlungen immer auch etwas zu fressen gab. Über unzählige Generationen wurden diese Tiere immer zutraulicher. Und so entwickelte sich mit der Zeit ein unschlagbares Team. Aus einem wilden Tier wurde der erste vierbeinige Gefährte des Menschen. Von ihm aufgezogene und zahme Wölfe erhielten einen Teil der Beute, ernährten sich aber auch vom Abfall der Zweibeiner und sorgten so als »Gegenleistung« dafür, dass keine anderen Raubtiere angelockt wurden. Mit der Domestizierung des Wolfes »schuf« der Mensch ein neues Tier: den Hund. Er sollte ihm im Laufe der Jahrhunderte bei den vielfältigsten Aufgaben gute Dienste erweisen, sei es bei der Jagd oder im Kampf, als Hüte- oder Wachhund, als Zug- oder Lastentier bis hin zu den »modernen« Rettungs- oder Therapiehunden.

Allein in Deutschland leben heute mehr als fünf Millionen Hunde. Nur die wenigsten von ihnen müssen noch jene Arbeiten übernehmen, für die sie einst gedacht waren. Die meisten Menschen haben ihnen eine ganz andere Aufgabe zugedacht: Sie wünschen sich einen Freund und Gefährten, der bedingungslos und treu an ihrer Seite steht. Sie wollen ein Lebewesen an ihrer Seite, mit dem sie sich austauschen können, das ihnen zuhört und, wenn auch ohne Worte, mit ihnen

> *»Die meisten Probleme basieren auf beidseitigen Fehlinterpretationen. Keiner weiß, was der andere wirklich von ihm will.«*

kommuniziert. Sie sehnen sich danach, auch einmal ihre weiche, emotionale Seite zeigen zu dürfen, von der sie meinen, sie im modernen Alltag und vor allem im Berufsleben

So entspannt ist die Beziehung nur, wenn der Vierbeiner weiß, dass er uns absolut vertrauen kann.

verstecken zu müssen. Sie wollen sich in unserer immer stärker technisierten Welt der Natur wieder stärker verbunden fühlen. All diese Träume projizieren sie auf ihren Hund. Er soll ihr Leben mit »Mehrwert« füllen und sie so zu glücklicheren Menschen machen. Ohne viel darüber nachzudenken, gehen sie dabei ganz automatisch davon aus, dass auch ihr Vierbeiner in dieser Beziehung glücklich werden wird – und übersehen, dass Hunde ganz andere Bedürfnisse haben als wir Menschen, um sich wohlzufühlen. Hunde brauchen nämlich nicht nur regelmäßig Auslauf, gutes Futter und einen warmen Schlafplatz. Sie brauchen auch nicht nur Liebe und Streicheleinheiten, auch wenn es an all dem natürlich nicht fehlen sollte. Vor allem aber brauchen sie eine Beziehung, in der sie sich sicher und geborgen fühlen, in der ihnen eine ganz bestimmte Rolle zugedacht ist und in der sie »schlafwandlerisch« tun können, was von ihnen verlangt wird. Sie brauchen eine Beziehung, in der sie so leben können, wie es ihrer Natur entspricht: als Rudeltier. Anders als eine Herde ist ein Rudel kein willkürlicher Zusammenschluss mehrerer Tiere.

Bitte hinten anstellen: Meine Hunde wissen, dass ich als erster rausgehe und »die Lage checke«.

»Hunde wollen sich bei uns in erster Linie sicher und geborgen fühlen.«

Hunde brauchen viele Auszeiten. Sie können aber nur entspannen, wenn sie sich sicher fühlen.

Es ist ein gewachsener Familienverband von Tieren einer Art, in den unter Umständen aber auch familienfremde Artgenossen eingebunden werden, sofern die einzelnen Rudelmitglieder sie annehmen. Ein Rudel ist eine in sich geschlossene Gruppe, in der eine soziale Rangordnung herrscht und deren Mitglieder feste Rollen und Aufgaben übernehmen. Die einen führen das Rudel an, die anderen erschließen neue Futterquellen, wieder andere sichern das Terrain beim Fressen … All dies sorgt für eine Struktur, in der sich jedes einzelne Rudelmitglied sicher und aufgehoben fühlt und seine individuellen Fähigkeiten optimal entfalten kann.

Es ist unsere Aufgabe, dem Hund diese Sicherheit zu vermitteln: in unserer Familie, im Zusammenleben mit einem oder mehreren Menschen. Wir müssen dafür sorgen, dass er den Platz in dieser Gruppe einnehmen kann, an dem es ihm gut geht.

Ihr Hund braucht Sie!

Die meisten Probleme, die im Zusammenleben mit Hunden auftauchen, sind der Tatsache geschuldet, dass wir ihnen keine Gruppe bieten, nicht wirklich in einer Gemeinschaft mit ihnen leben. Ich erkläre das Leuten, die mich um Hilfe bitten, meist am Beispiel von wilden Straßenhunden, wie sie wahrscheinlich jeder aus dem Urlaub im Süden oder Südosten Europas kennt. Für die meisten von uns scheinen diese mageren und schmutzigen Hunde voller Flöhe, Zecken und anderen Parasiten als bemitleidenswerte Kreaturen. Sie müssen ohne Streicheleinheiten leben, sind ununterbrochen den Gefahren auf der Straße ausgesetzt, ohne Schutz vor Unbill und Witterung und immer auf der Suche nach der nächsten Mahlzeit. Daher ist es auch nicht verwunderlich, dass viele Menschen helfen und so einen Hund retten wollen. Sie stellen dem »Streuner«, der jeden Abend vor dem Ferienhaus herumlungert, ein Schüsselchen mit Essensresten auf die Straße. Vielleicht bringen sie ihn auch zum Tierarzt, lassen ihn impfen und baden, kaufen das beste Futter, ein weiches Bett und nehmen ihn schließlich sogar aus dem Urlaub mit nach Hause – und denken, dass sie ihm damit endlich das geben, was er ihrer Meinung nach zum Glücklichsein braucht. Daheim wundern sich diese Menschen dann, dass der Hund nicht allein bleiben will, wenn sie in die Arbeit gehen. Dass er beim Gassigehen wie verrückt an der Leine zieht. Dass er auf andere Hunde aggressiv reagiert und vielleicht sogar beim Fressen knurrt oder schnappt, wenn sie selbst in seine Nähe kommen. Sie verstehen nicht, warum sich das Tier so verhält. Sie haben ihm doch alles gegeben, was es braucht. Warum ist es jetzt nur so schrecklich undankbar und macht solche Probleme?

Meistens wissen meine Kunden auf diese Frage keine Antwort. Sie vergessen nämlich wie die eben beschriebenen Touristen das Wichtigste. Diese verwöhnen den Hund zwar mit allem Komfort, damit er in Saus und Braus leben kann. Aber sie verwehren ihm, was er bis dahin hatte: Eine Gruppe, in der er aufgehoben war, in der er seine feste Rolle hatte, deren Regeln und Strukturen er kannte und in der er ganz nach seiner hündischen Natur leben konnte. Sie tun das selbstverständlich nicht bewusst oder gar aus Boshaftigkeit, sondern aus Unwissenheit.

Fressen, ärztliche Betreuung, Zeit und Zuwendung sind keine Glücksformel, sondern sollten hierzulande heutzutage selbstverständlich sein. Was der Hund aber wirklich braucht, ist eine Gruppe, ein Rudel, eine Familie – wie immer Sie es auch nennen wollen. Ein Hund ohne Gruppe ist ein »verlorener« Hund. Er ist zutiefst verunsichert, weil er nicht so leben kann, wie es seiner Natur entspricht. Wobei »Natur« nicht das grüne Umfeld meint, das es dem Hund er-

Welpen sind neugierig und müssen die Welt erst noch entdecken. Aber dabei brauchen sie, wie Kinder, Grenzen.

Hunde wollen sich an uns binden, das erfahre ich jeden Tag aufs Neue mit meinen eigenen Vierbeinern.

möglich, so viel wie möglich draußen zu sein. Mit »natürlich« möchte ich vielmehr die Beziehung beschreiben, die Mensch und Hund eingehen, die Art, wie sie miteinander leben. Ob Sie einen Garten haben oder nicht, spielt für Ihren Hund eine untergeordnete Rolle. Das Wichtigste ist eine Gruppenstruktur, die der des natürlichen Verbandes im Rudel möglichst nahekommt. Ein Hund, der allein gelassen wird (und damit meine ich nicht, dass er nicht alleine bleiben kann, wenn wir zur Arbeit gehen oder zwischendurch einmal ein paar Stunden zu Hause bleiben kann, während Sie zum Beispiel einkaufen gehen), ist nicht der Hund, der er eigentlich wäre. Er ist nur noch ein Häufchen Elend, das sich nach der Gesellschaft seiner Gruppe sehnt. Diese Aufgabe muss nun der Mensch übernehmen.

»*Ein Hund ohne Gruppe ist ein verlorener Hund.*«

WIE HUNDE TICKEN

Unsere vierbeinigen Familienmitglieder brauchen feste Regeln und Strukturen, damit sie sich in unserer Menschenwelt zurechtfinden und nicht anecken. Das bedeutet für uns, dass wir ganz klar Stellung beziehen und ihnen jeden Tag aufs Neue zeigen müssen, wo es langgeht. Unsere Hunde brauchen uns als verlässliche Anführer!

Wenn ich zurückblicke, kommt es mir vor, als hätten in meiner Jugend alle Hundebücher mit der Geschichte des Hundes begonnen. Egal ob ich mich für eine bestimmte Rasse interessierte oder etwas über Hundeerziehung las: Immer erfuhr ich zuerst, wie sich aus einem wilden Tier wie dem Wolf über Jahrtausende ein domestiziertes Tier wie der Hund entwickelte. Und so war mir schon früh klar, dass in jedem unserer Hunde, egal ob winziger Pinscher oder riesige Dogge, noch immer ein bisschen von seinem wilden Urahnen steckte.

Heute erwarten scheinbar viele Leser vor allem, dass sie in einem Hundebuch erfahren, wie sie ihren Hund am einfachsten erziehen können. Wie sie ihn durch positive Verstärkung dazu bringen, das zu tun, was sie (!) sich wünschen. Sie hoffen dadurch, das Zusammenleben harmonischer zu gestalten. Ein durchaus verständlicher Wunsch. Es ist ja auch unbestritten, dass ein Hund heute gewisse »Benimmregeln« beherrschen sollte, damit er zu Hause und vor allem außerhalb der eigenen vier Wände gut zu führen ist.

Doch die eigentliche Lösung des Problems liegt so nah: Wir müssen uns nur erinnern, dass der Vierbeiner neben uns in erster Linie ein Tier ist, das seiner natürlichen »Programmierung« folgt. Wie wir selbst auch. In vielen Dingen sind sich Mensch und Hund ähnlich. Wir wollen nicht Hunger leiden, nicht frieren müssen und uns sicher fühlen. Vor allem aber wollen auch wir (mit wenigen Ausnahmen) nicht allein, sondern in einer Gruppe leben. Genau das ist wahrscheinlich auch der Grund, warum wir überhaupt in der Lage sind, eine so enge und stabile Verbindung zu Hunden aufzubauen. Trotz alledem dürfen wir nie vergessen, dass Hunde Hunde sind und keine Menschen. Seltsamerweise betrachten wir Pferde als Pferde, Katzen als Katzen und Vögel als Vögel. Nur bei Hunden fällt das oft scheinbar unendlich schwer, weswegen sie nicht selten als Kinder- oder Partnerersatz herhalten müssen. Doch gerade weil uns Hunde auf den ersten Blick so ähnlich sind, kommt es immer wieder zu Problemen. Und genau aus diesem Grund müssen wir uns darüber klar werden, wie Hunde ticken.

WAS UNSERE HUNDE WIRKLICH BRAUCHEN

So begegnen sich souveräne Hunde: Der eine ist dominant, der andere unterwürfig. Alles kein Problem.

Wer ist hier der Boss?

Haben Sie schon einmal genau hingeschaut, was passiert, wenn sich zwei Hunde auf der Straße begegnen? Diese Frage stelle ich sehr oft, wenn ich um Hilfe gebeten werde, weil ein Hund Probleme macht. Die meisten Leute schauen mich dann erst einmal ratlos an. Und weil ich sehr gerne zeichne, habe ich für diesen Fall normalerweise immer Papier und Stift zur Hand. Ich zeichne dann zwei Hunde, von denen der eine mit gestrecktem Hals und aufgerichteter Rute dasteht, der andere den Schwanz hängen lässt und den Kopf gesenkt hält. Zwei typische Positionen, die wahrscheinlich jeder schon einmal an (s)einem Hund bemerkt hat. Aber was bedeuten sie? Die Antworten, die ich erhalte, ähneln sich in der Regel. Die meisten interpretieren die aufrechte Haltung als Freude und Aufregung, die andere als Unsicherheit und Angst. Und obwohl das stimmt, ist es doch nicht richtig. Denn ein und dieselbe Haltung können beim Hund ganz unterschiedliche Dinge ausdrücken. Und eine ganz wichtige Sache vergessen die meisten: Die Körperhaltung signali-

> *»Um Hunde wirklich zu verstehen, müssen wir erst einmal lernen, ihre ›Sprache‹ zu sprechen.«*

siert auch, welche Position die Tiere für sich beanspruchen. Kopf und Rute nach oben bedeutet: »Ich bin hier der Boss«, gesenkter Kopf und herabhängende oder auch zwischen die Hinterbeine geklemmte Rute: »Ich mach dir diese Position nicht streitig.« Ein Hund, der vor dem anderen »buckelt«, hat also keinesfalls unbedingt Angst vor ihm. Er signalisiert damit vielmehr, dass er keinerlei Ambitionen hegt, auf das Recht des Stärkeren zu pochen. Er folgt damit einer natürlichen Intuition. Denn zwei Hunde, überhaupt alle Tiere, können sich nur verstehen und ein gutes Team bilden, wenn die Rollen klar verteilt sind. Früher sagte man dazu einfach: Der eine ist dominant, der andere unterwürfig. Doch diese Worte haben für viele Menschen einen unangenehmen Beigeschmack. Mit »dominant« assoziieren sie negative Eigenschaften wie herrisches Verhalten, Willkür und Ungerechtigkeit. Sich zu unterwerfen setzen sie dagegen gleich mit Schwäche, Unsicherheit oder Kontrollverlust. Es ist also kein Wunder, dass ihnen eine Beziehung, in der einer dominant, der andere unterwürfig ist, absolut nicht erstrebenswert erscheint. Ich selbst sage daher lieber, dass sich zwei Tiere nur dann auf einer Ebene begegnen können, wenn das eine die Führung übernimmt und das andere ihm folgt – oder wenn ich es auf Englisch erklären muss, dass einer der »Packleader« ist, der andere der »Follower«. Wenn das eine Tier für Ordnung sorgt und das andere sich einordnet. Oder auch wenn eines die Verantwortung übernimmt und das andere sich in seine Verantwortung übergibt. Im Grunde genommen sind dies aber alles nur verschiedene Ausdrücke für ein und dieselbe Sache: eine klare,

Kopf und Ohren hoch, aufmerksamer Blick: Hier versucht einer, sein Umfeld unter Kontrolle zu haben.

Wenn die Verhältnisse geklärt sind, können zwei Hunde entspannt miteinander die Umwelt erkunden.

eindeutige Rangfolge und eine ebensolche Aufgabenverteilung. Wählen Sie einfach den, mit dem Sie sich persönlich am meisten identifizieren können.

Diese Formulierungen zeigen recht deutlich, dass Sich-Unterwerfen nichts damit zu tun hat, seine eigenen Interessen aufzugeben und sich dem anderen bedingungslos auszuliefern. Vielmehr sorgt die Bereitschaft sich einzuordnen für eine gehörige Portion Sicherheit und Ruhe. Und weil dies viele Vorteile mit sich bringt, ordnet sich ein »unterwürfiger« Hund auch gerne einem Verantwortlichen unter. Er hat kein Problem damit, nicht alles entscheiden und ständig auf alles achten zu müssen. Im Gegenteil, er genießt es und fühlt sich in seiner Position sicher und aufgehoben. Er hat seinen Platz gefunden und ist das, was wir gemeinhin als glücklich bezeichnen. Denn er muss weder dafür sorgen, dass genug zu fressen da ist, noch dass seiner Gruppe tagsüber etwas zustößt oder kein adäquater Schlafplatz vorhanden wäre.

Im Grunde genommen ist es wie in einer Familie: Auch dort geben die Eltern die Richtung vor, die Kinder folgen. Klar können auch einmal die Kinder bestimmen, was gemacht wird. Den Großteil der Zeit aber befolgen sie die Anweisungen der Eltern. Und sie tun das in der Regel gerne. Denn dadurch müssen sie sich weder Gedanken darüber machen, ob und was es am Abend zu essen gibt, noch wann sie eine warme Jacke anziehen oder zum Zahnarzt gehen müssen. Weil die Eltern ihnen diese Entscheidungen abnehmen, können sie sicher und ruhig aufwachsen und haben genug Freiraum, ihre eigenen Fähigkeiten zu entwickeln.

Wie Hunde ticken

Damit diese ruhige, sichere Umgebung entsteht, müssen die Eltern jedoch Verantwortung übernehmen. Sie müssen Ordnung schaffen. Sie müssen dominant sein, die Rolle der Anführer übernehmen, der Chefs – wie immer Sie es auch nennen mögen. Und die Kinder sind die Familienmitglieder, die Folger, die sich einordnen … Auch hier gibt es wieder verschiedene Begriffe, die doch alle dasselbe bezeichnen. Beide sind Teil eines natürlichen Gefüges, bei der einer anführt und der andere ihm folgt. Diese Ordnung ermöglicht ein harmonisches Miteinander, ohne dass wir uns ständig in die Quere kommen und streiten müssen, um unsere Positionen zu klären. Und genauso ist es auch bei anderen Arten, unsere Haustiere machen da keine Ausnahme. So können beispielsweise Hund und Katze nur dann friedlich in einem Haushalt leben, wenn einer von beiden das Verhältnis dominiert. Übernimmt der Hund diese Rolle, klappt es mit Sicherheit nicht. Er wird dann die Katze ununterbrochen jagen, bis sie irgendwann einfach das Weite sucht. Und ich versichere Ihnen: Sie wird dies tun. Denn im Gegensatz zum Hund ist die Katze

Unter ihresgleichen lernen Welpen schnell, wer im Rudel das Sagen hat und wer für was zuständig ist.

weitaus weniger domestiziert und findet sich auch ohne Menschen sehr gut zurecht. Sie braucht weder uns noch sonst ein Rudel, um in der freien Wildbahn zu überleben.

Die Kombination Hund und Katze klappt also nur, wenn die Katze dominiert – oder, wenn Sie es so lieber wollen, führt, die Richtung vorgibt, die Verantwortung übernimmt – und der Hund sie als ranghöher akzeptiert. Weil er keinerlei Ambitionen hegt, ihr ihre Stellung streitig zu machen, lässt er sie in Ruhe. In so einer Beziehung sieht man Hund und Katz zuweilen sogar im selben Körbchen schlafen. Warum auch nicht? Die Fronten sind geklärt, beide fühlen sich absolut sicher. Nicht anders ist es bei Hund und Pferd. Auch hier muss das Pferd den dominanten Part einnehmen, weil der Hund es sonst immer jagen würde. Schließlich ist er ein Beute-, das Pferd ein Fluchttier.

Genau dasselbe gilt, wenn die Beziehung zwischen Mensch und Hund harmonisch sein soll. Nur wenn der Hund sich unterordnet, fühlen sich beide Seiten wohl.

Wenn die Sicherheit fehlt

Viele Probleme, die wir heute mit unseren Hunden haben, entstehen, weil das natürliche Gefüge von Dominanz und Unterwürfigkeit, von Führen und Geführtwerden in der Mensch-Hund-Beziehung verloren gegangen ist. Doch wer einen Hund bei sich aufnimmt, muss bereit sein, die Verantwortung für ihn zu übernehmen. Nur dann kann der Hund die Rolle einnehmen, die seine Natur für ihn vorsieht und die er braucht, um ausgeglichen zu sein, sich ruhig und sicher zu fühlen. Nur dann kann er die Rolle des Folgers einnehmen. Nur dann fühlt er sich wirklich wohl in seiner Haut.

Stattdessen machen wir vieles falsch, weil wir verlernt haben, auf die Bedürfnisse unserer Hunde einzugehen. Wir vergessen, dass sie einen Anführer brauchen, an dem sie sich orientieren können, und vermenschlichen sie, anstatt auf ihre ureigenen Instinkte einzugehen. Wir sorgen nicht in ausreichendem Maß für Ruhe und geben ihnen keine Auf-

Wie Hund und Katz? Davon ist hier nichts zu sehen, weil sie dominiert und er ihr diesen Rang nicht streitig macht.

Meine Hunde lernen von klein auf, dass sie in der tierischen Rangfolge unter meinem Pferd stehen.

gabe mehr. Und wir kommunizieren hauptsächlich auf eine Art mit ihnen, die sie nicht verstehen: über Worte. Statt Sicherheit zu schenken, sorgen wir durch dieses Verhalten dafür, dass der Hund unsicher ist. Und genau diese Unsicherheit ist der Ursprung zahlreicher Probleme.

Wer unsicher ist, hat im Grunde nur zwei Möglichkeiten: Er kann fliehen oder zum (Gegen)Angriff starten und sich verteidigen. Weil ein Haushund nicht fliehen kann – Sie erinnern sich, er ist kein Einzelgänger und kann ohne seine Gruppe nicht überleben –, muss er sich zur »Wehr« setzen. Wenn sein Mensch nicht in ausreichendem Maße für Sicherheit sorgt, übernimmt er ganz automatisch die Rolle des Anführers, um diese Schwäche zu kompensieren und selbst für Ruhe und Sicherheit zu sorgen. Und er tut das nicht, wie ein Mensch es tun würde, sondern wie ein Tier, indem er seinen natürlichen Instinkten folgt. Er zieht an der Leine,

WAS UNSERE HUNDE WIRKLICH BRAUCHEN

Egal ob Hunderiese oder Winzling: Jeder braucht einen Menschen, der ihm zeigt, wie »der Hase läuft«.

weil er draußen die Führung übernehmen muss. Er bellt, wenn es an der Türe klingelt, weil er das Territorium beschützen muss. Er knurrt beim Füttern, weil er das Futter als sein Eigentum betrachtet und im schlimmsten Fall beißt er sogar einmal zu, weil er sich zu unrechtmäßig gemaßregelt fühlt.

Der Hund kann auch gar nicht anders, weil die Natur es so eingerichtet hat, um das Überleben der Gruppe zu sichern. Fällt in der freien Wildbahn, egal ob bei Wölfen oder Straßenhunden, der Anführer weg, weil das Tier krank beziehungsweise verletzt ist oder stirbt, nimmt sofort ein anderes Rudelmitglied seine Rolle ein. Erfüllt es die neuen Aufgaben gut, ist ihm der zukünftige Posten an der Spitze sicher. Es sei denn der alte »Boss« ist irgendwann wieder in der Lage, sein Rudel anzuführen. Dann werden die Rollen wieder getauscht. Nur wenn zwei dominante Führungstypen aufeinanderprallen, und sich keiner dem anderen unterordnen will, kommt man sich zwangsläufig ins Gehege. Sehr oft aber ist das Tier, das unvorbereitet den Chefposten einnimmt, schlichtweg überfordert und froh, wenn es sich einfach wieder ins Rudel eingliedern kann. Es ist eben nicht jeder zum Anführer und Chef geboren, der zwar allerhand Privilegien hat, aber eben auch eine große Verantwortung für die anderen Familienmitglieder trägt. Genauso geht es unseren Hunden, wenn sie sich in unserer Obhut nicht sicher fühlen. Sie müssen dann eine Rolle einnehmen, für die sie nicht gewappnet sind und daher nicht ausfüllen können – und mit der sie sich auch nicht wohlfühlen.

Wer diesen Mechanismus begreift, wird schnell einsehen, dass es keine »Problemhunde« gibt. Egal ob Chihuahua, Jack Russel, Retriever oder Bullterrier: Wenn ein Hund in festen Strukturen leben darf, ordnet er sich gerne unter und lässt sich gut führen. Weil es seiner Natur entspricht, sich führen zu lassen – unabhängig von Rasse, Größe oder Gewicht. Jeder Hund hat das Potenzial dazu, der Hund zu werden, von dem Sie träumen.

Es mag einfach klingen und es ist im Prinzip auch genauso einfach: Die Lösung vieler Probleme liegt darin, wieder eine Struktur zu schaffen, in der sich Ihr Hund sicher fühlt. In der er nicht für und auf Sie »aufpassen« muss, sondern sich Ihnen wieder aus tiefstem Herzen anvertrauen kann. In der er sicher, ruhig und glücklich wird. Eine Struktur, mit der Sie das Vertrauen Ihres Hundes zurückgewinnen. Mit der Sie das Leben mit Ihrem Hund (wieder) genießen können und in der eine natürliche Verbindung zwischen Mensch und Hund hergestellt wird, die beide zu dem macht, was wir uns alle so sehr zu sein wünschen: wahre Freunde.

Natürlich erkunden auch meine Hunde gern die Natur. Aber sie kommen immer gern wieder zu mir zurück.

ES IST NIE ZU SPÄT

Hunde sind nicht nachtragend. Wenn sie merken, dass wir es ernst mit ihnen meinen, werden selbst »hoffnungslose« Fälle zu tollen Weggefährten.

In der modernen Gesellschaft ist die natürliche Verbindung zwischen Mensch und Hund vielerorts verloren gegangen. Unsere Hunde, die eigentlich doch keinen anderen Wunsch haben, als uns zu folgen, sind zu einer Projektionsfläche allzu menschlicher Sehnsüchte nach Nähe und Partnerschaft geworden. Und die wenigsten wissen, wie sehr sie ihren Vierbeinern damit schaden.

Die Folgen der übermäßigen Liebe und des »zügellosen« Lebens lassen sich dagegen nur schwerlich übersehen. Sie äußern sich relativ schnell in den schon beschriebenen Problemen wie An-der-Leine-Ziehen, Anspringen, Jagen, Bellen oder Knurren, die den Alltag unnötig schwer machen. Doch wie gesagt: Wer das Problem erst einmal erkannt hat, kann es mit großer Wahrscheinlichkeit auch lösen. Was dem Ganzen noch entgegenkommt, ist die Tatsache, dass Hunde im Gegensatz zu den meisten zweibeinigen Zeitgenossen ganz im Hier und Jetzt leben.

Einfach von vorn anfangen

Natürlich steht außer Frage, dass Hunde ein enormes Gedächtnis haben. Sie können sich noch nach Monaten an bestimmte Schleichwege erinnern oder finden vor Urzeiten vergrabene Knochen wieder (okay, dabei hilft ihnen auch ihr übermenschlicher Geruchssinn). Sie können sich unzählige Befehle merken und wissen mindestens ebenso viele kleine Gesten und Mimiken ihrer Menschen zu deuten. Genauso können zum Beispiel Misshandlungen und andere schlimme Erlebnisse Hunde durchaus traumatisieren. Doch anders als viele Menschen leben Hunde nicht ständig mit ihren Erinnerungen, sondern im Hier und Jetzt. Überlegen Sie doch nur einmal, wie sehr sich Ihr Hund freut, wenn Sie nach Hause kommen – und zwar egal, ob Sie eine Woche geschäftlich verreisen mussten oder nur zehn Minuten

»Es ist nie zu spät, die Verantwortung zu übernehmen und einem Hund zu zeigen, dass er uns nur zu folgen braucht.«

beim Gemüsehändler um die Ecke waren. Er erinnert sich nicht daran, wann Sie gegangen sind oder zumindest spielt es keine Rolle. Er ist einfach froh, dass Sie wieder da sind. Anderes Beispiel: Fressen. Fast jeder Hund langt zu, wenn Sie ihm einen Napf mit Futter hinstellen. Egal, ob er erst vor zwei Stunden gefressen hat oder am Abend zuvor. Jetzt ist etwas da und die Chance, sich den Bauch vollzuschlagen, sollte nicht ungenutzt bleiben. Und genau das ist der schlagende Punkt: Weil Hunde ganz im und für den Moment leben, kann man ihnen jederzeit die Balance und innere Stabilität zurückgeben, die sie verloren haben. Das Einzige, was wir dazu tun müssen, ist unser eigenes Verhalten zu überdenken und unsere Haltung gegenüber dem Hund zu verändern. Wenn wir es schaffen, dem Hund wieder ein Gefühl der Stabilität und Sicherheit zu vermitteln, kann er zur Ruhe finden und die Position in der Gruppe einnehmen, für die er geschaffen ist und die seiner Natur entspricht: die des Folgers. Ganz automatisch lösen sich dann auch alltägliche Schwierigkeiten und Machtkämpfe in Luft auf. Denn wenn die Rollen klar verteilt sind, kann eine harmonische Beziehung entstehen. Ich bin überzeugt davon, dass dazu nur fünf Geheimnisse nötig sind: Sie müssen …

- die Führung übernehmen,
- die natürlichen Instinkte wiederentdecken,
- für artgerechte Aufgaben und Beschäftigung sorgen,
- dem Hund Ruhe schenken und
- eine klare Sprache finden.

Wie Sie das machen, verrate ich Ihnen in den folgenden Kapiteln.

Ganz ehrlich: Ich bin mir bewusst, dass es schwerfällt sich einzugestehen, dass ein Hund nur dann glücklich ist, wenn er sich uns unterordnen darf. Dass er genau das braucht, um sich wohlzufühlen. Aber vielleicht probieren Sie es einfach einmal mit dieser kleinen Übung, die ich schon unzählige Male mit meinen Kunden gemacht habe. Sie zeigt, wie positiv sich eine Atmosphäre der Ruhe und Sicherheit auf Ihren Hund und somit auch auf Ihre gegenseitige Beziehung auswirkt: Setzen Sie sich auf den Boden und beschäftigen Sie sich ruhig. Lesen Sie, denken Sie an etwas Schönes, meditieren Sie … Sie können sich auch zu zweit oder dritt hinsetzen und sich leise unterhalten. Einzige Bedingung: Denken Sie nicht an Ihren Hund und beachten Sie ihn auch überhaupt nicht. Sie werden sehen, dass er ziemlich schnell zu Ihnen kommt, um nachzuschauen, was da vor sich geht. Und jetzt kommt der schwierigste Teil der Übung, denn Sie dürfen ihm nach wie vor keinerlei Aufmerksamkeit

---

VERTRAUEN IST WICHTIG

- Vertrauen Sie auf Ihre natürlichen Instinkte und Fähigkeiten.
- Vertrauen Sie mir und lassen Sie sich von mir leiten, so wie Sie Ihren Hund leiten.
- Vertrauen Sie Ihrem Hund. Er ist genau das Tier, von dem Sie träumen.
- Vertrauen Sie darauf, dass sich die Beziehung zu Ihrem Hund bessert.
- Trauen Sie sich, etwas zu ändern!

Kuscheln? Klar, aber immer zum richtigen Moment. Nur dann können es beide Seiten genießen.

schenken. Schauen Sie ihn nicht an, berühren Sie ihn nicht, sprechen Sie nicht mit ihm. Versuchen Sie, ganz in sich selbst zu ruhen. Und warten Sie einfach ab, was passiert. Der eine Hund wird sich schon bald entspannt dazulegen, ein anderer braucht vielleicht etwas länger, bis er innerlich zur Ruhe kommen kann. Er wird um Sie herumkreisen, aufgeregt schnuppern, sich neben Sie setzen, stark hecheln … Warten Sie ab, bis er endlich spannungsfrei alle viere von sich streckt, bis er bei Ihnen Ruhe und Sicherheit gefunden hat, weil Sie selbst im Moment völlig ruhig und sicher sind. Jetzt dürfen Sie ihn streicheln, ihn hinter den Ohren kraulen, mit ihm reden. Ganz entspannt. Sie werden sofort merken, wie gut das dem Hund tut. Und Sie selbst werden belohnt mit dem größten Geschenk, das Ihr Hund Ihnen geben kann: sein Vertrauen. Jetzt befinden Sie sich auf einer Wellenlänge. Jetzt erleben Sie echte Gemeinsamkeit. Jetzt sind Sie ein echtes Team!

GEHEIMNIS 1:
FÜHRUNG
ÜBERNEHMEN

Warum es so wichtig ist, dass Hunde sich sicher fühlen, und wie wir lernen, ihnen dieses Gefühl zu vermitteln.

EINER FÜR ALLE

Muss ein Hund allein zurechtkommen, verunsichert ihn dies zutiefst.
Nur im Team fühlt er sich aufgehoben und kann seine Fähigkeiten entfalten.
Denn in jeder Gruppe gibt es einen, der für ein Umfeld sorgt, in dem sich die
anderen wohlfühlen, und dem sie sich bedingungslos anschließen können.

In der Natur leben Hunde nie allein, sondern immer im Rudel. Nur in der Gruppe können sie überleben. Nur gemeinsam können sie sich ernähren, sich vermehren, einen Platz finden, an dem sie sich wohlfühlen, aufeinander aufpassen und sich vor Feinden schützen. Wer jemals die Gelegenheit hatte, ein Rudel Straßenhunde zu beobachten, wird bestätigen, dass darin jedes Tier seine Aufgabe hat und erst das Zusammenspiel aller Charaktere und Fähigkeiten zum Erfolg führt, was in den meisten Fällen heißt: etwas zu fressen zu ergattern und einen sicheren Schlafplatz zu finden, an dem sich alle von der Arbeit ausruhen können. Und er wird bestätigen, dass es immer ein Tier gibt, das im Rudel für Ordnung sorgt.

Was für so eine verwilderte Truppe auf der Straße gilt, gilt auch für unsere Haushunde. Denn ein Dach über dem Kopf, ein warmer Schlafplatz oder regelmäßige Essenszeiten sind kein Ersatz für ein soziales Gebilde. Auch Ihr Hund ist kein Einzelgänger. Er fühlt sich ebenfalls nur sicher und es geht ihm nur dann gut, wenn er seinen Platz in einem »Rudel« einnehmen kann.

Es gibt sicher Menschen, die an dieser Stelle sofort einwenden, dass Mensch und Hund überhaupt kein Rudel bilden können, weil man den Begriff Rudel nur für den Zusammenschluss wild lebender Tiere einer Art verwendet. Das ist natürlich richtig. Allerdings bin ich der Meinung, dass auch hier – wie beim Führer und Folger – viele Wörter, unabhängig von ihrer korrekten Definition, im alltäglichen Gebrauch doch ein und dieselbe Sache ausdrücken. Im Grunde genommen ist es daher egal, ob wir die »Kombination« von Hund und Mensch als Rudel oder gemischte Sozialgemeinschaft, als Familie, Verbund oder schlicht und ergreifend als Gruppe bezeichnen. Gemeint ist: Wir leben mit dem Hund zusammen und dieses

> *»Die Natur ist nicht demokratisch und Tiere sind nicht intellektuell veranlagt wie wir Menschen.«*

GEHEIMNIS 1: FÜHRUNG ÜBERNEHMEN

Zusammenleben muss funktionieren. Dies wiederum gelingt nur, wenn es einen gibt, der die Verantwortung übernimmt – so schwer dies auch für manchen freiheitsliebenden Mitmenschen zu akzeptieren ist. Sehen Sie es doch einmal so: Eltern übernehmen die Verantwortung für ihre Kinder, Lehrer die für ihre Schüler, Firmeninhaber die für ihre Mitarbeiter … Und genauso müssen wir eben die Verantwortung für unsere Hunde übernehmen.

Wer ist der Chef?

In jedem Hunderudel gibt es einen Chef, der bestimmt, wann gejagt, gefressen, ausgeruht oder gespielt wird. Der Anführer ist nicht zwangsläufig der aggressivste, größte, stärkste, schnellste oder pfiffigste Hund. Und erst recht nicht ist es immer ein Rüde. Anders als in unserer modernen Gesellschaft wird bei Hunden der Chefposten nicht nach rationalen Überlegungen oder gar demokratischen Wahlen besetzt. Es ist ein natürlicher Automatismus: Derjenige Hund führt das Rudel, der dem Rest der Truppe die Ruhe und Sicherheit vermitteln kann, die diese braucht, um zu »funktionieren«. Der Rudelführer schlichtet Streit unter den anderen Rudelmitgliedern und sorgt so für Ruhe, Harmonie und Stabilität. Dabei ist er immer gerecht. Der Chef des Rudels schafft ein Umfeld, in dem jeder sich so einbringen kann, wie es seiner Natur entspricht. Er selbst ist ruhig und sicher, eine Fähigkeit, die nicht jeder mitbringt. Streit um diese Anführer-Rolle gibt es daher nur, wenn zwei Hunde sie gleichzeitig übernehmen wollen. Wollte ein Hund ohne diese Voraussetzung das Rudel anführen, würde er nicht akzeptiert werden. Und so ordnet sich der Rest des Rudels gerne ein, weil dies das Leben erleichtert. Die Folger suchen von sich aus Stabilität in der Gruppe. Sie brächten auch gar nicht die Voraussetzung dafür mit, allein zu überleben – was keinesfalls heißt, dass sie weniger wichtig für das Überleben des Rudels sind. Nur im Zusammenspiel funktioniert dieses Leben. Im Hunderudel weiß jeder Hund, wie er sich zu verhalten hat und erkennt seinen Status.

Die Größe sagt gar nichts. Auch ein kleiner Hund kann Führungsqualitäten haben – und wird als Chef akzeptiert.

So ein entspannter Ausflug ist möglich, wenn der Hund seinen Mensch als Anführer respektieren kann.

Das merke ich immer wieder, wenn ich einen Hund in meinem Rehabilitationszentrum aufnehme, wo er sich in mein eigenes Hunderudel eingliedern muss. Meine Hunde geben ihm vom ersten Augenblick unmissverständlich zu verstehen, was sie von ihm halten und welchen Platz sie ihm in ihrer Gruppe zuweisen. Und was mich jedes Mal aufs Neue fasziniert, ist, wie sich der »Neue« in diese Position begibt, ohne irgendeine Art des Widerstandes und der Rebellion. Das ist aber auch kein Wunder: Endlich kann er sich entspannen und die Rolle einnehmen, die naturgemäß für ihn vorgesehen ist. Er muss nicht mehr den Chef spielen, der er doch gar nicht ist. Er ist angekommen und kann endlich er selbst sein.

»In jeder Gruppe gibt es einen Verantwortlichen, der den Weg weist.«

WENN DIE BALANCE KIPPT

Wer es nicht schafft, seinem Hund zu vermitteln, dass er bei ihm gut aufgehoben ist, muss damit rechnen, dass es bald Schwierigkeiten gibt.

Die wenigsten Hunde leben heute noch in einem Rudel. Die meisten leben in einem Familienverband mit einem oder mehreren Menschen. Und deshalb müssen wir ihnen einen gleichwertigen Ersatz bieten. Meiner Meinung nach lässt sich die Frage, was artgerechte Hundehaltung ist, daher in einem ganz kurzen Satz zusammenfassen: Ihr Hund fühlt sich sicher, respektiert und geliebt, wenn Sie die Rolle des »Rudelführers«, Chefs oder Verantwortlichen übernehmen. Leider vergisst jedoch der zweibeinige Teil des Mensch-Hund-Tandems nur allzu oft, dass der Hund ihn als sicheren ruhigen Anführer braucht, dass er die Verantwortung übernehmen und seinem vierbeinigen Gefährten das Leben zeigen muss. Dass er es ist, der bestimmt, wann gespielt, wann gefressen, wann Gassi gegangen und wann geschlafen wird. Und weil diese grundsätzlichen Dinge nicht geklärt sind, gibt es Probleme. In der Natur folgt der Folger dem Führer nur, wenn dieser ruhig und sicher ist. Wenn er für alle sorgt, gerecht ist und ohne Gewalt und Druck für Frieden im Rudel sorgt. Dasselbe muss der Mensch dem Hund bieten. Wenn die Stabilität fehlt, wird der Hund unruhig und unsicher. Er merkt, dass wir nicht fähig sind zu führen, die Verantwortung zu tragen. Und er reagiert darauf, indem er selbst die Führung übernimmt, die Verantwortung schultert. Das ist keine bewusste Entscheidung, sondern ein automatischer Reflex, ein natürlicher Instinkt.

Flucht oder Aktion?

Ist ein Hund verunsichert, hat er von Natur aus nur zwei Möglichkeiten: Er kann entweder fliehen oder sich zur Wehr setzen, also ein »Gegenprogramm« starten und selbst die Initiative ergreifen. Anders als in der freien Wildbahn kann ein Haushund nicht einfach weglaufen und sich einen neuen Anführer suchen – auch wenn es immer wieder vorkommt, dass Hunde sich auf Nimmerwiedersehen aus dem Staub machen. Ein Hund findet sich allein in unserer Menschenwelt auch nicht mehr zurecht. Sie ist einfach viel zu gefährlich für ihn.
Es bleibt dem Hund also gar nichts anderes übrig, als selbst aktiv zu werden und in die Anführerrolle zu schlüpfen. Das heißt: Wenn der Mensch nicht für Ruhe und Sicherheit sorgt, muss der Vierbeiner diese Schwäche

> »Ein Hund ist der Hund
> im Familienverbund nur,
> wenn er unterwürfig ist.
> Ist er dominant und
> übernimmt er die Führerrolle,
> ist er ein wildes Tier. Seine
> natürlichen Instinkte sind
> immer noch die des Wolfes.«

Aufpassen: Ja. Entscheiden, wer rein darf und wer nicht: Das sollten Sie lieber selbst tun.

kompensieren und selbst die Verantwortung übernehmen. Das Problem dabei: Er tut das nicht wie ein Mensch, sondern wie ein Tier. Er folgt seinen natürlichen Instinkten. Weil die wenigsten Menschen das Dilemma, in dem der Hund steckt, (er)kennen, bleiben Probleme nicht aus, wenn wir nicht selbst für Ruhe und Sicherheit sorgen. Der Hund hat dann nämlich zwar das getan, was seine Natur ihm vorschreibt und aus seiner Sicht die Führung übernommen. Er fühlt sich jedoch von seinem »Folger« nicht als solcher respektiert, zum Beispiel wenn der ihm das Futter wegnimmt und »streitig macht« oder auf der Straße vorn gehen will.

Aus der Sicht des Hundes verhält sich der Mensch in so einer Situation, als wäre er der Führer, der Chef, der die Verantwortung trägt, obwohl er das für ihn doch ohne Zweifel nicht ist. Schließlich sorgt er dem Hund gegenüber weder für Ruhe noch für Sicherheit. Was bleibt dem Vierbeiner also anderes übrig, als den »Emporkömmling« in seine

Position zu verweisen? Im Rudel müsste er als Chef zum Beispiel sein Futter nicht verteidigen, weil die anderen ihn automatisch akzeptieren. Unter Menschen muss er sich seinen Rang ständig aufs Neue »erkämpfen«. Und daher knurrt beziehungsweise schnappt er beim Füttern (»Ich bin der Chef und bestimme über das Futter«) oder zieht beim Spazierengehen an der Leine (»Ich trage die Verantwortung und laufe daher vornweg, um die Lage zu checken.«).

Die vertauschten Rollen sind übrigens nicht nur für uns ein Problem. Für den Hund ist es mit unsäglichem Stress verbunden, »seinen« Mensch durch die Menschenwelt zu führen. Sie können sich das ungefähr so vorstellen, als müsste ein Kleinkind seine Eltern zur Rushhour sicher über eine mehrspurige Straße leiten – eine Aufgabe, die oft schon für viele Erwachsene eine wahre Herausforderung darstellt. Nicht zuletzt hat der Hund auch deshalb ein Problem, weil die Wahrscheinlichkeit recht groß ist, dass er, wenn er sich nicht so verhält, wie der Mensch es sich vorgestellt hat, im Tierheim landet. Und dorthin will kein Hund freiwillig.

Ein Stadtspaziergang ist selbst mit einem Riesenhund kein Problem, wenn die Rollen klar sind.

Nur wenn Hunde sich sicher fühlen, finden sie zur Ruhe und sind so tiefenentspannt wie diese beiden.

Die Lösung: Der Hund unterwirft sich

Es gibt natürlich im Alltag immer wieder Situationen, in denen ein Hund verunsichert ist. Ein sehr extremes Beispiel dafür habe ich bei einer Kundin selbst erlebt. Ihr Hund hatte sich mit dem Halsband am Knauf eines Küchenschranks verheddert und kam nicht mehr los. Je mehr er sich wandte und sträubte, umso mehr kam er in die Bredouille. Sein Frauchen wollte dem verzweifelt tobenden Kerl zu Hilfe kommen, doch der schlug wie wild um sich und schnappte. Zwar gelang es der Frau, ihn zu befreien, doch der Hund war so in Rage, dass er weiterhin wütete. Alle Besänftigungsversuche scheiterten, sie schienen den Hund nur noch verrückter zu machen. Und so sah die Frau letztendlich keinen anderen Ausweg, als sich auf einen der Küchenschränke zu flüchten. Erst als sich das Tier irgendwann beruhigt hatte, wagte sie sich wieder herunter – und rief mich an. Was war geschehen, dass die Situation so eskalierte? Der Hund geriet, weil er sich nicht befreien konnte, in Panik, war also immens verunsichert. Vielleicht hatte er auch Schmerzen, weil das Halsband sich immer enger um seinen Hals legte, was die Unsicherheit zusätzlich verstärkte. An Flucht war nicht zu denken … Ein Hund, der seinem Menschen vertraut, würde sich auch in einer derartigen, für ihn scheinbar lebensbedrohlichen Situation anfassen und befreien lassen. Er fände die ganze Prozedur zwar vielleicht nicht schön, würde sich aber fügen und ruhig halten. Dass dieser Hund sich das nicht gefallen ließ, war für mich ein eindeutiges Zeichen, dass die Beziehung nicht stimmig und das Verhältnis von Führen und Folgen aus der Balance geraten war. Tatsächlich: Als ich nachfragte und mir schildern ließ, wie sich der Hund im Alltag verhält – beim Gassigehen, beim Füttern, wenn Besuch kommt –, wurde schnell klar, dass er zwar ein paar Tricks beherrschte, die die Frau mit ihm trainiert hatte. Aber was das Sich-aufgehoben-Fühlen, das Sich-dem Menschen-Anvertrauen anging, sah es schlecht aus. Der Hund akzeptierte sein Frauchen nicht als Anführer und deshalb hatte sie auch keine Chance gehabt, ihn in der Gefahrensituation allein durch ihr Dasein so weit zu beruhigen, dass er sich fügte und befreien ließ.

Genau das aber ist der Punkt! Wenn sich der Hund in seine Rolle als Folger, als Gruppenmitglied fügen kann und diese Position für sich akzeptiert – was er ja gern macht, weil es seiner Natur entspricht –, muss er nicht fliehen oder kämpfen. Er fühlt sich in dem Moment wohl, weil er sich einordnen darf und nicht selbst Verantwortung übernehmen muss, sondern diese an uns abgeben darf. Innere Ruhe kehrt ein.

Allerdings muss er uns dazu als »Chef« akzeptieren können. Und das ist nur der Fall, ich kann es einfach nicht oft genug wiederholen, wenn wir in allem, was wir tun, ruhig und sicher sind – und uns eben wie ein echter »Rudelführer« verhalten. Es ist unsere Aufgabe, eine Atmosphäre zu schaffen, in der der Hund die Rolle einnehmen kann, mit der er sich gut fühlt. Der Hund will mit uns sein, wenn wir ihm Sicherheit geben. Er will sich bei uns aufgehoben fühlen und uns einfach nur folgen. Das ist sein Instinkt.

Zahnkontrolle: Das ist vielleicht nicht immer angenehm, wird aber in einer guten Beziehung hingenommen.

SO WERDEN SIE DIE NUMMER 1

Hunde brauchen klare Regeln und feste Strukturen, damit sie sich wohlfühlen. Wir müssen lernen, wie wir eine natürliche Hierarchie herstellen.

Ich bin aus tiefstem Herzen davon überzeugt, dass sich sehr viele Probleme, die wir mit unseren Hunden haben, in Luft auflösen, wenn wir die richtige Hierarchie in der Mensch-Hund-Beziehung wiederherstellen. Die drängendste Frage ist daher: Wie übernehme ich die Führungsrolle? Wie werde ich ein ruhiger und sicherer Anführer? Ein Chef, dem sich mein Hund gerne anschließt? Wie gelingt es, dass mir mein Hund im wahrsten Sinn des Wortes folgt.

Der erste Schritt: Legen Sie Ihre Bedenken ab!

Ich habe zu Beginn dieses Buches schon einmal darauf hingewiesen, dass es vielen Menschen schwerfällt sich vorzustellen, dass Hunde sich gerne unterwerfen. Dominantes Verhalten wird in unserer Gesellschaft eher negativ bewertet. Unser Leben, die Vorstellung einer harmonischen, gut laufenden Beziehung hat sich verändert: Wo immer zwei oder mehrere Menschen beisammen sind, egal ob in der Partnerschaft, in der Familie oder im Job, wechseln Aufgaben und die damit einhergehende Verantwortung häufig.

Heutzutage kümmert sich je nach individuellen Fähigkeiten und Kenntnissen zum Beispiel ein Partner ums Einkaufen und Kochen, der andere um die Wäsche. Der eine macht die Steuererklärung, der andere mit den Kindern die Hausaufgaben. Die Kompetenzen sind also meist klar aufgeteilt. Mal hat dabei der eine das Sagen, mal der andere. Im Berufsleben ist es nicht anders. Denken Sie nur einmal an all die Projekte in einer Firma, die von unterschiedlichen Mitarbeitern geleitet werden. Worauf ich hinauswill, ist, dass in zwischenmenschlichen Beziehungen die Führerrolle immer wieder wechseln kann. Und der Großteil von uns ist in der Lage, sich diesem Prozess anzupassen. Wir nehmen die uns zugeteilte Position jedes Mal aufs Neue ein, bis sich das soziale Gefüge nach einer gewissen Zeit wieder umstrukturiert. Im Klartext heißt das: Wir sind mal Führer, mal Folger. Und genau in diesem Punkt unterscheiden wir uns ganz extrem von unseren Hunden. Die sind nämlich weitaus weniger flexibel und brauchen ganz eindeutige, klare Strukturen. Mehr noch: Es geht einem Hund im Zusammenleben mit Menschen nur dann gut, wenn er sich unterordnen kann und die Position des Folgers einnehmen darf. Nur dann kann er sich entspannen und sein Leben genießen. Und jetzt frage ich Sie: Wann kann Ihr Hund diese ihm zugedachte Rolle annehmen? Er kann es, wenn Sie den dominanten Part übernehmen und zum Anführer werden.

Werfen Sie also Ihre Bedenken beiseite. Es sind nur Worte. Dominanz ist nichts Negatives! Wichtig ist, dass Sie die Verantwortung für Ihren Hund übernehmen. Machen Sie sich immer wieder bewusst, dass Sie Ihrem Hund helfen, wenn Sie die Führung übernehmen. Indem er sich Ihnen unterwerfen kann, weicht seine Unsicherheit, der Stress fällt ab und er findet zurück in seine Natur. Und damit geht es Ihnen beiden besser.

Zweiter Schritt: Konzentrieren Sie sich auf sich selbst!

Die wichtigste Aufgabe des Anführers im Hunderudel ist, dass er für Ruhe und Sicherheit sorgt – und das kann er nur, wenn er selbst ruhig und sicher ist. Auch Sie müssen also lernen, Ihrem Hund ruhig und sicher gegenüberzutreten. Doch genau das fällt vielen Menschen schwer.

Hunde haben ein schier unglaubliches Gespür dafür, was in unserem Inneren vorgeht. Das liegt vor allem daran, dass Sie dank ihrer rund 200 Millionen Geruchsrezeptoren über eine für uns unvorstellbare chemische Sinnesleistung verfügen. Damit können sie unsere Emotionen ganz einfach erschnuppern. Egal, was wir fühlen und denken: In unserem Körper wird eine Flut von Botenstoffen ausgeschüttet, die ein regelrechtes biochemisches Informationsnetz bilden. Dabei werden Duftmoleküle ausgeschieden, die der feinen Hundenase nicht entgehen. Zu diesem fantastischen Geruchssinn kommt, dass Hunde ein Gesichtsfeld haben, das um fast drei Viertel größer ist als das unsere. Sie nehmen winzige Bewegungen wahr, die uns gar nicht bewusst sind oder von denen wir annehmen, dass sie sie nicht sehen.

Angesichts dieser Voraussetzungen ist verständlich, dass man Hunden nicht viel vormachen kann. Wenn wir mit klarer Stimme

---

DER HUND DARF NICHT ÜBERALLHIN FOLGEN

Wird der Hund zu einem ständigen »Schatten«, ist das ein deutliches Zeichen dafür, dass er meint, alles kontrollieren zu müssen – und das wiederum ist ein Hinweis darauf, dass die Rollen gewechselt haben. In so einem Fall müssen Sie zu Hause Regeln schaffen und Ihren Hund mit viel Geduld immer wieder auf seinen Platz zurückschicken, wenn er Ihnen folgt (wie wichtig dieser Platz für ihn ist, können Sie ab Seite 97 lesen). Lassen Sie sich auch nicht immer von Ihrem Hund zum Spielen oder Kuscheln animieren! Sie bestimmen, wann es Zeit dafür ist – konsequent! Zeigen Sie ihm ab heute, wer das Kommando hat.

Wenn wir selbst Ruhe und Sicherheit ausstrahlen, überträgt sich dies ganz schnell auch auf den Vierbeiner.

sprechen, innerlich aber an unseren eigenen Worten zweifeln, aufgeregt oder ängstlich sind, nimmt uns der Hund genauso wahr, wie wir uns im Grunde fühlen: unsicher. Nicht anders ist es, wenn wir zwar mit geradem Rücken und erhobenen Kopfes vor dem Hund stehen, innerlich aber die Schultern hängen lassen, weil wir Zweifel hegen, dass unser Ansinnen Erfolg hat. Hunde lassen sich nicht durch Äußerlichkeiten täuschen. Wir können nur führen, wenn wir ganz sicher sind und der Hund dies auch spürt. Ich gebe zu, dass es nicht immer leicht ist, ruhig und sicher zu sein. Aber man kann es wie vieles im Leben üben. Sie müssen lernen, Stressfaktoren von außen abzuschalten und

GEHEIMNIS 1: FÜHRUNG ÜBERNEHMEN

Ist was?! Ein Hund, der nicht ständig alles selbst übernehmen muss, kann den Spaziergang genießen.

ganz bei sich zu sein, sich ganz auf sich selbst und die eigenen Kraft zu konzentrieren. Dabei helfen verschiedene Methoden: Der eine findet durch Meditation zu innerer Ruhe, der andere durch Yoga, Atemübungen oder mithilfe von Bildern im Kopf. Manchmal reicht es schon, an ein Erlebnis zu denken, bei dem wir uns wohlgefühlt haben, zum Beispiel an den letzten Urlaub, ein erfolgreich abgeschlossenes Projekt im Job oder einen schönen Augenblick im Kreis der Familie. Finden Sie heraus, welcher Weg für Sie der beste ist, und versuchen Sie dann mehrmals am Tag, diesen sicheren Zustand der inneren Ruhe und Gelassenheit zu erreichen, ohne dass Ihr Hund dabei ist. Er soll von alldem nichts mitbekommen.

Erst wenn Sie wissen, was Sie tun müssen, um innerlich ruhig zu werden, geht es in die Praxis. Sie können dann die Technik in einer ganz konkreten Situation mit Ihrem Hund anwenden, die Sie verändern wollen. Fangen

»Sich selbst zu finden, Kontakt zu sich aufzunehmen, braucht Geduld, Zeit und Ruhe. Der Hund signalisiert Ihnen deutlich, wenn Sie diesen Zustand erreicht haben. Er beruhigt sich dann.«

Sie dort an, wo Sie sich sicher fühlen, also am besten zu Hause. Dort stehen wir für gewöhnlich weniger unter Druck, weil wir uns nicht beobachtet fühlen.

Eine Freundin von mir litt zum Beispiel sehr darunter, dass ihre Hündin sie beim Gassigehen häufig wie eine Verrückte anbellte. Der Hund hüpfte scheinbar ohne Grund um sie herum, sprang in die Luft, kläffte ununterbrochen und machte manchmal sogar Anstalten, in ihren Arm zu schnappen. Die Frau unternahm alles Mögliche: Sie drehte dem Hund den Rücken zu, versuchte ihn abzulenken, lief davon, schimpfte ... Nichts half, im Gegenteil. Der Hund führte sich nur immer noch mehr auf. Ruhe herrschte erst, wenn es irgendwie gelang, ihn am Halsband zu fassen zu kriegen und sie ihn an die Leine nahm. Irgendwann bat meine Freundin mich um Rat, weil sie die Situation allein nicht in den Griff bekam. Wir unterhielten uns und es wurde ziemlich schnell deutlich, dass der Hund immer dann zu bellen anfing, wenn er

Ich genieße es jeden Tag aufs Neue, wenn ich sehe, wie wohl sich meine Hunde fühlen und wie entspannt sie sind.

unsicher war. Das eine Mal war es eine »seltsame« Bewegung (wie sich bücken und Schuhe zubinden), mal ein schreiendes Kind, mal wurde der Hund kurz am Halsband gehalten, um eine »kritische« Gefahrensituation zu umschiffen. Sehr oft war ein anderer Hund recht stürmisch auf ihn »losgegangen«. Indem er sein Frauchen anbellte, wollte der Hund sie darauf aufmerksam machen, dass sie Anführerqualitäten zeigen, die Situation klären und für Ruhe und Sicherheit sorgen sollte. Alles, was er wollte, war sich zu versichern, dass keine Gefahr bestand. Dazu hätte es gereicht, Ruhe und Sicherheit ausstrahlen. Und was tat meine Freundin stattdessen? Sie fuchtelte mit den Armen herum, schrie, wandte dem Hund den Rücken zu, warf Stöcke oder Tannenzapfen ... Kurzum: Sie tat alles, was die Unsicherheit des Hundes noch schürte, weil er ihr Benehmen ebenfalls als

Die gemeinsame Zeit sollte von Ruhe geprägt sein, nicht von Aufregung. Dann können sie beide genießen.

»Der Weg zum Hund ist ein innerer Weg, kein technischer.«

Unsicherheit deutete. Was die Situation zusätzlich verschärfte, war die Tatsache, dass sich die Frau von allen anderen Spaziergängern und Hundehaltern beobachtet fühlte, was sie noch mehr unter Druck setzte und ihre negative, unsichere Ausstrahlung zusätzlich verstärkte.

Ich riet meiner Freundin genau das, was ich gerade Ihnen geraten habe: »Lerne, deine innere Ruhe zu finden!« Und wenn sie eine Technik gefunden hätte, ihre eigenen Gefühle zu kontrollieren, könnte sie diese auch anwenden, wenn der Hund ausflippt. Sie sollte sich dann einfach auf den Boden, auf einen Stein oder einen Baumstumpf setzen und sich ganz auf sich selbst konzentrieren. Ihre Wahrnehmung vom Hund und den Menschen rundherum abziehen und allein auf ihre eigene Kraft und innere Ruhe richten. Das würde zwar sicher zunächst einiges an Kraft, Zeit und Nerven kosten, aber letzendlich das Problem lösen.

Nach ein paar Wochen sahen wir uns wieder und ich fragte, ob sich die Situation gebessert hätte. Tatsächlich war es nach einigen Anlaufschwierigkeiten gelungen, den Hund in solchen Situationen zu beruhigen – durch vier einfache Dinge: hinsetzen, ausklinken, abtauchen, Kraft schöpfen. Dabei half ihr das Mantra: »Was mich aufregt, ist die Aufregung des Hundes. Meine Ruhe ist Ruhe für den Hund«. Irgendwann hörte der Hund tatsächlich auf zu bellen, so plötzlich wie er damit angefangen hatte, und legte sich neben seinem Frauchen auf den Boden. Es schien wie ein Wunder, dabei ist die Erklärung so einfach: Weil es der Frau gelang, Sicherheit und Ruhe auszustrahlen, konnte der Hund seine eigene Unruhe bewältigen, unter Kontrolle bringen und selbst wieder ruhig werden. Ihre Ruhe war tatsächlich die Ruhe für den Hund.

Einfach gar nichts tun, ist für einen Hund viel schöner, als sich ständig um alles kümmern zu müssen.

Die Rollenverteilung überprüfen: Es ist ein gutes Zeichen, wenn der Hund wartet, bis Sie das Futter »freigeben«.

Dritter Schritt: Setzen Sie Grenzen

Wenn Sie der Chef, Verantwortliche, Führer sein wollen, müssen Sie Ihrem Hund klipp und klar zeigen, was er darf und was nicht. Das bedeutet, Sie müssen Grenzen setzen und diese auch konsequent einhalten. Wie auch ein kleines (oder größeres) Kind versteht ein Hund nicht, dass er an einem Tag etwas darf, am anderen nicht und am dritten Tag vielleicht.

Wie eng oder weit Sie Ihre Grenzen setzen, bleibt ganz allein Ihnen überlassen. Den einen stört es nicht, wenn der Hund auf dem Sofa oder im Bett liegt und findet das sogar schön. Der andere fühlt sich nicht belästigt, wenn der Hund beim Essen neben dem Tisch sitzt. Für wieder andere dagegen wäre dieses Verhalten ein absolutes No-Go. Es hat daher wenig Sinn, allgemeingültige Regeln aufzustellen. Die Grenzen, die Sie setzen, müssen mit Ihrem Leben vereinbar sein und zu Ihnen passen. Sie selbst und Ihre eigenen Wünsche sind die Richtlinie!

Als Hilfestellung, was (noch) als angenehm oder (schon) als störend empfunden wird, können verschiedene Fragen dienen, zum Beispiel diese:

◆ Wie weit darf der Hund ans Essen?
◆ Wie weit darf er sich beim Spazierengehen von mir entfernen?
◆ Wo darf er liegen?
◆ Was gehört ihm? Was nicht?
◆ Darf er in die Küche oder nicht?

Gerade das »Küchenverbot« empfinde ich als sehr wirkungsvoll, wenn das Führer-Folger-Gefüge aus dem Gleichgewicht gekommen ist. Denn Sie signalisieren dem Hund damit deutlich, dass Sie der Herr über das Essen sind. Das Essen gehört dem Chef! Ausnahmen von diesen Regeln sind nicht selbstverständlich, sondern als eine Einladung an Ihren Hund gedacht. Sie können ihn zum Beispiel einladen, bei einer bestimmten Gelegenheit zu Ihnen aufs Sofa zu kommen. Ich vergleiche das gern mit Kindern, deren Eltern nicht wollen, dass sie regelmäßig Cola trinken. Wenn Mama und Papa konsequent bleiben, ist den Kleinen bald klar, dass die Colaflasche im Kühlschrank nicht für sie gedacht ist und lassen die Finger davon. Diese familieninterne Regel verliert auch dann nicht an Wirksamkeit, wenn die Eltern ihnen zu einem besonderen Anlass einmal erlauben, doch ein Glas davon zu trinken. Kein Cola trinken ist Alltag und normal, ein Gläschen Cola ist und bleibt eine besondere Ausnahme. Kinder verstehen das – und genauso versteht es Ihr Hund.

Die wichtigste Voraussetzung für so ein Angebot aber ist, dass Ihr Hund in einer ruhigen und unterwürfigen Position ist. Wenn er aufgeregt und dominant ist, sind Ausnahmen

Hund auf dem Sofa? Das ist völlig in Ordnung – vorausgesetzt, Sie haben ihn eingeladen, sich dazuzulegen.

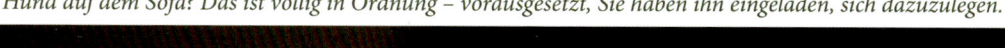

von der Regel tabu. Der Hund würde sie als Macht-Zugewinn deuten. Also: Wenn der Hund ruhig und entspannt im Körbchen liegt, können Sie ihn gern zu sich auf die Couch holen, er versteht das als Einladung, als Ausnahme von der Regel. Wenn er aber bettelnd neben dem Sofa steht, vielleicht sogar an Ihrem Bein kratzt oder bellt, würde man ihm mit einer Ausnahme die falschen Zeichen senden.

Ihr Hund weiß nicht von allein, was er machen darf und was nicht. Daher müssen Sie Regeln aufstellen und dafür sorgen, dass sie auch eingehalten werden. Sie müssen das dem Hund klarmachen, wenn er etwas falsch macht. Doch wie gelingt das?

Auch hier ist der erste Schritt wieder das eigene Bewusstwerden: Im Gegensatz zu uns Menschen haben Hunde kein Unrechtsempfinden. Für sie gibt es kein Falsch und Richtig. Sie handeln stets so, wie es ihrer Natur entspricht. Ein Hund, der etwas »Falsches« tut, hat aus seiner eigenen Sicht nichts falsch gemacht. Er macht lediglich etwas, was uns nicht passt, weil er unsicher war oder wir ihn nicht entsprechend konditioniert, also nicht ausreichend mit ihm trainiert haben, was wir von ihm erwarten. Wenn Sie zum Beispiel nach Hause kommen und Ihr Hund hat irgendetwas kaputt gemacht, müssen Sie sich fragen, was Sie selbst dazu beigetragen haben, dass es schiefgegangen ist. Haben Sie ihn zum Beispiel überhaupt ausreichend daran gewöhnt, allein zu sein? (Wie Sie das machen, erfahren Sie ab Seite 128.)

Auch wenn man sich noch so sehr über den Fehler ärgert: Ein Hund denkt nicht moralisch und daher kann man ihn auch nicht zur Rechenschaft ziehen und in seine Schranken weisen, als wäre er ein Mensch. Um andere Menschen zu disziplinieren, setzen wir in der Regel auf eine Kombination aus Verbal- und Körpersprache, die das Gegenüber einschüchtern soll. Ein Hund versteht den Sinn unserer Worte nicht. Er nimmt nur unsere Ausstrahlung wahr, die in diesem Moment von Unruhe, Aufregung und Ärger geprägt ist. Das einzige Signal, das er bekommt, lautet: Dieser Typ ist nicht ruhig und sicher. Er ist kein »Führer«.

GRENZEN SIND AUCH ZUM ÜBERSCHREITEN DA

Grenzen können täglich überschritten werden, solange dies regelkonform abläuft. Ein gutes Beispiel: Jeder Hund sollte lernen, dass er nicht allein das Haus oder die Wohnung verlassen darf – und genauso wenig den Garten. Die Tür ist eine Grenze, egal ob sie gerade geschlossen ist oder nicht. Wenn Sie mit Ihrem Hund nach draußen gehen, muss er diese Grenze jedoch jedes Mal aufs Neue überschreiten. Und das ist auch kein Problem, weil Sie es erlauben. Allein darf der Hund aber nicht raus, auch wenn die Tür offen steht. Das könnte gefährlich werden. Stellen Sie sich nur vor, er würde auf die Straße laufen …

Ein Mensch, ein Hund, ein Team: Es ist im Prinzip so einfach, sich auf gleicher Augenhöhe zu begegnen.

GEHEIMNIS 1: FÜHRUNG ÜBERNEHMEN

Ein Zeichen mit der Hand, einen kleinen Stupser verstehen Hunde besser als 1000 Worte.

Ich gebe meinen Kunden an dieser Stelle gerne ein praktisches Beispiel: Wenn sich Ihr Hund einen Ihrer Schuhe schnappen will, dürfen Sie nicht schimpfen (negative, unsichere Ausstrahlung), sondern müssen ihm den Schuh ruhig, sicher und bestimmt wegnehmen. Zerren Sie nicht daran, das versteht der Hund als »Kampfansage« – und der Chef kämpft nicht. Halten Sie den Schuh einfach fest, bis der Hund sein Maul öffnet und die »Beute« freigibt. Wenn Ihnen das zu lang dauert, können Sie auch mit der einen Hand den Schuh halten und mit der anderen das Maul Ihres Hundes öffnen – ruhig und sicher, ohne Gewalt und viele Worte.
Indem Sie den Schuh vor sich legen, signalisieren Sie, dass er Ihnen gehört. Sie können den Hund dann mit dem Finger leicht zurückstupsen und ihm Ihre Hand wie ein Stopp-Signal vorhalten, wenn er das nicht zu akzeptieren scheint – so lange, bis er keine Anstalten mehr macht, den Schuh zu »erobern«. Erst wenn dieser Punkt erreicht ist und der Hund akzeptiert, dass er den Schuh

»Muss der Hund anführen, kommt ihm eine Aufgabe zu, für die er nicht geschaffen ist.«

Vierter Schritt: Den ganzen Tag anführen

Damit Ihr Hund Sie als Anführer, Chef, Verantwortlicher respektiert, müssen Sie ihm den ganzen Tag zeigen, dass Sie der Anführer, Chef, Verantwortlicher sind. Das bedeutet, Sie müssen bei allem, was Sie im Zusammenhang mit dem Hund tun, ruhig und sicher sein. Es genügt nicht, nur beim Spazierengehen oder Füttern den Ton anzugeben, auch wenn gerade diese beiden Dinge so wichtig sind, dass ich später noch einmal gesondert und ganz ausführlich auf sie zurückkomme (siehe ab Seite 97). Der Hund muss 24 Stunden am Tag wissen, welche Position ihm zusteht. Das fängt schon in der Frühe an: Begrüßen Sie ihn mit Ruhe und Sicherheit und nicht mit der typischen Aufregung – vor allem, wenn er aktiv und aufgeregt, sprich dominant ist. Jede Reaktion Ihrerseits würde sein negatives Verhalten zusätzlich fördern (siehe auch ab Seite 132).

nicht einfach nehmen kann, streicheln Sie ihn oder geben ihm etwas, was er haben darf, zum Beispiel ein Spielzeug oder einen Kauknochen. Das ist vor allem bei jungen Hunden wichtig, denn sie brauchen etwas zum Draufherumkauen.

Sind Sie einmal nicht schnell genug und der Hund rennt mit dem Schuh davon, dürfen Sie auf keinen Fall hinterherlaufen. Erst wenn sich der Hund irgendwann mit dem Schuh niederlässt oder ihm keine Aufmerksamkeit mehr schenkt, nehmen Sie ihn und machen es so wie gerade beschrieben: Schuh zeigen, Grenzen setzen (anstupsen, Hand vorhalten), Schuh eventuell gegen Spielzeug austauschen.

ZEIT ZUM GEFÜHLE-ZEIGEN

Anführer sein bedeutet nicht, dass man dem Hund nie seine Zuneigung zeigen dürfte. Es kommt nur auf den richtigen Moment an. Um den zu finden, helfen ein paar untrügliche Zeichen, die signalisieren, dass der Hund nicht (mehr) seine eigenen Ansprüche durchsetzen will und unterwürfig ist. Er setzt oder legt sich brav hin, legt die Ohren nach hinten, wendet den Blick ab, gähnt … Jetzt dürfen Sie ihn streicheln, ihm ein Spielzeug oder Leckerli geben, mit ihm reden. Solange er aufgeregt und fordernd ist, sich also dominant verhält, würden all diese Dinge sein negatives Verhalten belohnen und die Balance zwischen Mensch und Hund aus dem Gleichgewicht bringen. Bevor Sie also etwas machen, worauf Sie gerade Lust haben, sollten Sie darauf achten, wie sich Ihr Hund verhält.

JEDE GRUPPE BRAUCHT EINEN ANFÜHRER

Hunde sind keine Einzelgänger. Sie lieben die Gemeinschaft und brauchen jemanden, der ihnen sagt, wo es langgeht. Genau das macht auch Peter Maffay.

Peter Maffay kennt José Arce nicht nur aus der mallorquinischen Presse. Er hat ihn auch schon öfter selbst einmal um Rat gefragt.

Sie haben auf Mallorca ziemlich viele Hunde. Vertragen die sich eigentlich immer miteinander?

Peter Maffay: Unsere Hunde laufen den ganzen Tag über frei herum. Sie können das Gelände nicht verlassen und das wollen sie auch nicht, denn hier fühlen sie sich sicher. Die Hunde stecken ihr Revier ab und machen untereinander ihre Rangordnung klar. Wir haben einen Komiker, der es mit Witz und Charme schafft. Es gibt eine kleine Hündin, die den anderen sagt, wo es langgeht. Und dann ist da natürlich Naala, eine Ca-de-Bestiar-Hündin. Sie ist die Chefin. Sie schafft es, den Haufen zusammenzuhalten. Naala ist körperlich in der Lage, die erste Geige zu spielen. Vor allem aber verfügt sie über die Fähigkeit, Ordnung ins Rudel zu bringen. Darüber gibt es unter den Hunden keine Diskussion.

Bei so einem intakten Rudel: Wie schaffen Sie es, dass Ihnen die Hunde nicht auf der Nase herumtanzen?

Peter Maffay: Unsere Hunde wissen, dass sie in der Rangfolge unter den Menschen stehen. Daher gibt es keine Probleme. Für Menschen und Hunde gibt es feste Regeln, die sie gegenseitig respektieren müssen. Es liegt an uns, diese Regeln aufzustellen. José sagt immer: Wir sind die Führer, die Hunde die Folger.
Was ich bemerkenswert finde, ist, dass sich die Hunde an mich halten, sobald ich zu Hause bin. Wenn ich unterwegs bin, kümmern sich ja die Jungs von unserer Biofarm um sie und natürlich meine Frau. Das klappt auch sehr gut. Aber sobald ich da bin, rutschen die anderen automatisch

> »Ich möchte nicht jedes
> Mal eine Diskussion mit
> meinem Hund führen,
> wenn er etwas macht, das
> er nicht machen soll.«
>
> Peter Maffay

beißt oder etwas anderes anstellt, muss ich für den Schaden geradestehen. Deshalb muss ich ihm vorher klarmachen, dass ich bestimmte Sachen nicht toleriere. Ich muss wissen, wie sich ein Hund verhält und ihn kontrollieren können. Das hat etwas mit Verantwortung zu tun: Verantwortung für den Hund und für das Umfeld, in dem wir leben. Wir haben im Kinderferienhaus der Peter-Maffay-Stiftung jedes Jahr über 500 Kinder auf der Finca. Stellen Sie sich nur einmal vor, einer unserer Hunde würde sich nicht an die Regeln halten ...

nach unten. Wenn ich wieder weg bin, strukturiert sich die Gruppe wieder um. Als wir bei einem gemeinsamen Abendessen darüber Witze gemacht haben, hat José erklärt, dass das ein ganz natürlicher Prozess ist. In der freien Wildbahn ist es genauso. Wenn Sie einen Hund oder einen Wolf aus einem bestehenden Rudel rausnehmen, versucht sofort ein anderer, diese Lücke zu füllen und den Platz für sich in Anspruch zu nehmen. Das gilt natürlich ganz besonders für den Rudelführer. Die Tiere streben automatisch eine intakte Hierarchie an. Das liegt in ihren Genen. Das ist Selbsterhaltungstrieb. Denn ein Rudel ist nur dann überlebensfähig, wenn es einen »Kopf« hat.

Und der Kopf sind Sie?

Peter Maffay: Diese Stellung nehme ich für mich in Anspruch. Ich möchte nicht jedes Mal eine Diskussion mit meinem Hund führen, wenn er etwas macht, das er nicht machen soll. Wenn mein Hund jemanden

Ein bisschen Wolf steckt in jedem Hund, auch wenn man es ihm nicht ansieht.

GEHEIMNIS 2: NATÜRLICHE INSTINKTE WIEDERENTDECKEN

Warum wir Hunde nicht wie Menschen behandeln können und wie ein respektvolles Miteinander gelingt, das die Bedürfnisse und Instinkte beider Seiten berücksichtigt.

DAS ERBE DER WÖLFE

Zwar sind Hunde »Geschöpfe« des Menschen. Tief in ihnen schlummern jedoch noch die Bedürfnisse eines wilden Tieres. Die Evolution kann mit den Veränderungen unserer Lebensweise nicht Schritt halten und so haben sich die Instinkte des Hundes seit Jahrtausenden nicht verändert.

Jedes Lebewesen verfügt über ein Repertoire natürlicher Instinkte und damit über angeborene, zweck- und zielgerichtete Bewegungs- und Verhaltensmuster, die die jeweilige Spezies im Lauf der Evolution erworben hat. Hunde machen da keine Ausnahme. Jeder von ihnen ist mit Instinkten ausgerüstet, die sich kaum von denen seines Urvaters, des Wolfs, unterscheiden.

Einer der wichtigsten hündischen Instinkte ist, wie beim Menschen, der soziale Rudelinstinkt. Nur dank ihm kann ein Hunderudel überhaupt funktionieren, kann es erfolgreich für Nahrung sorgen, sich vermehren und sein Territorium gegen Eindringlinge verteidigen. Erst der soziale Rudelinstinkt schafft die Voraussetzung dafür, dass Welpen sicher in der Gruppe aufwachsen und von den älteren Tieren lernen können, dass die Rudelmitglieder untereinander kommunizieren und alle zusammen als Gruppe von den jeweiligen Fähigkeiten des Einzelnen profitieren. Und der soziale Rudelinstinkt ist auch der Grund, warum es so schön ist, einen Hund zu haben. Wir sind uns in vielem sehr ähnlich und das macht die Beziehung zum Hund gegenüber anderen Haustieren auch so einzigartig und besonders.

Der soziale Rudelinstinkt setzt klare Strukturen innerhalb des Rudels voraus. Denn ohne eine soziale Ordnung wäre die Zusammenarbeit dauerhaft wohl kaum von Erfolg gekrönt. Hierarchie, Regeln und Grenzen dienen dabei nicht dazu, eine willkürliche Rangfolge herzustellen und aufrechtzuerhalten. Sie bieten vielmehr jedem Rudelmitglied Orientierung und Sicherheit. Nur unter dieser Voraussetzung kann jedes Tier seinen Beitrag zum Erhalt der Gruppe leisten.

Weil Hunde schon seit Jahrtausenden mit den Menschen zusammenleben, sind die Mehrzahl ihrer Instinkte heute nicht mehr lebensnotwendig. Ein Hund muss nicht jagen, weil er jeden Tag von seinem Menschen Futter bekommt. Er muss sich nicht vermeh-

»Unsere Beziehung zu Hunden ist einzigartig.«

GEHEIMNIS 2: NATÜRLICHE INSTINKTE WIEDERENTDECKEN

Einer geht voran – und das bin ich. Nicht weil ich herrisch bin, sondern möchte, dass es meinen Hunden gut geht.

ren, um den Fortbestand der Gruppe zu sichern. Er muss sein Territorium nicht beschützen und verteidigen, weil er bei uns einen sicheren Schlafplatz findet. Doch dass er es nicht muss, bedeutet nicht, dass er es nicht könnte! Noch immer schlummern die Triebe tief in ihm und können jederzeit an die Oberfläche kommen. Unabhängig von der Rasse oder vom Alter und egal ob er bei einem Single oder in einer Großfamilie lebt. Ob dies eintritt oder nicht, liegt wie so oft an uns selbst. Wenn Ihr Hund Sie als Anführer, Chef, Verantwortlichen akzeptiert, braucht er sich um all diese Dinge nicht zu kümmern. Denn Sie werden es für ihn tun. Sie sorgen für die Struktur, für Regeln und Grenzen, die er zum Ausgeglichensein braucht. Dazu aber müssen Sie sich in der Hierarchie ganz oben positionieren und dem Hund die Ruhe und Sicherheit geben, für die in der Natur der Rudelführer sorgt. Ganz anders sieht es aus, wenn Sie diese Rolle nicht übernehmen und Ihrem Hund die nötige Sicherheit fehlt. Dann greift er automatisch, eben instinktiv, auf seine Prä-Domestizierung-Instinkte zurück und »übernimmt« die Aufgaben, die natürlicherweise nicht ihm zugedacht sind, sondern seinem Boss. Und das heißt: Er macht höchstwahrscheinlich Probleme.

KONTROLLE DURCH DEN SOZIALEN RUDELINSTINKT

Der soziale Rudelinstinkt ist im Zuge der Domestizierung keinesfalls abhandengekommen. Zum Glück! Denn wer diesen Trieb bei der Hundehaltung berücksichtigt, kann erfolgreich diejenigen Instinkte kontrollieren, die wir als störend empfinden. Ich kenne zum Beispiel niemanden, der es toll findet, wenn sich sein Hund beim Gassigehen aus dem Staub macht und seinem Jagdinstinkt folgt. Oder der sich freut, wenn sein Hund die Gäste verbellt, um sein Territorium abzustecken. Genau das aber tun Hunde, wenn sie nicht ihre »echte« Position innehaben.

Das Erbe der Wölfe

Genauso läuft es normalerweise unter Hunden: Jeder hat seine Rolle, es gibt keine Konflikte.

Auch wir haben Instinkte

Menschen sind keine übernatürlichen Geschöpfe und deshalb verfügen auch wir von Geburt an über artspezifische Instinkte. Neugeborene Babys suchen instinktiv die Brust der Mutter. Wir bevorzugen von Natur aus süße Speisen, weil Zucker besonders energiehaltig ist und »süß« außerdem signalisiert, dass eine Speise ungefährlich ist, während Giftiges sehr oft bitter schmeckt. Bei der Partnerwahl greifen wir unbewusst auf unsere Instinkte zurück, wählen eine Frau oder einen Mann, die oder den wir »gut riechen« können, weil dadurch die Gesundheit der potenziellen Nachkommen steigt. In lebens)gefährlichen Situationen sorgt der »Fight-or-flight-Instinkt« dafür, dass wir uns der Gefahr stellen und kämpfen oder umgehend die Flucht ergreifen … Allerdings drohen viele dieser Instinkte in unserer technisierten, rationalen Welt zu verkümmern. Gelerntes und Erfahrungen scheinen sie zu überlagern. Heute versteht die Mehrheit unter dem Begriff »Instinkt« eine Art sicheres »Bauchgefühl«, das Verhaltensweisen auslöst, die sich nicht logisch erklären lassen und nicht der rationalen Kontrolle unterliegen. Es wäre gar nicht so schlecht, öfter ein bisschen mehr auf dieses Bauchgefühl zu hören. Ärzte und Wissenschaftler betonen zum Beispiel immer wieder, dass man stressbedingten Krankheiten sehr gut mit Ausdauersport vorbeugen könnte. Ärger im Job etwa setzt im Körper dieselben Abläufe in Gang wie ein Säbelzahntiger bei unseren Steinzeitahnen. Doch im Gegensatz zu diesen nehmen wir heute nicht unsere Beine in die Hand, sondern versuchen allzu oft die unbefriedigende Situation auszusitzen. Dabei kann nur Bewegung den Cocktail an Hormonen, die das Gehirn in so einer Situation ausschüttet und der auf Dauer richtig krank macht, wieder ins Gleichgewicht bringen. Dabei würde es oft schon helfen, eine Runde zu joggen, denn beim Laufen werden die Stresshormone abgebaut. Das ist bei uns nicht viel anders als bei unseren Hunden.

Auch im Umgang mit unseren Vierbeinern würde vieles besser laufen, wenn wir mehr unseren Instinkten folgen würden. Indem wir zu unseren eigenen Wurzeln zurückkehren, fällt es uns leichter, den Hund als Teil dieser Natur zu sehen und einen artgerechten Zugang zu ihm zu finden. Der Lohn dafür ist ein harmonisches Miteinander. Über die Instinkte finden wir einen anderen Zugang zur Natur. Und kommen dadurch nicht nur unseren Hunden, sondern auch uns selbst näher. Sie sind ein Zugewinn!

> »Mein Rudel bringt mich jeden Tag zurück auf meine eigenen Instinkte.«

WAS SIND EIGENTLICH INSTINKTE?

Die innere Grundlage der wahrnehmbaren angeborenen Verhaltensmuster von Tieren und Menschen bezeichnet man als Instinkte. Das Instinktverhalten wird nicht vom Intellekt kontrolliert, sondern durch eine bestimmte Situation oder einen bestimmten Reiz ausgelöst, der, vereinfacht ausgedrückt, eine Kette ganz bestimmter Reaktionen aktiviert. Instinkte haben ihre Wurzeln in den genetischen Anlagen und meist handelt es sich dabei um Verhaltensweisen, die das Überleben sichern. In unserer hochtechnisierten Welt wird der Instinkt (»Bauchgefühl«) häufig durch den Intellekt überlagert und im Zaum gehalten. Er ist als unbewusstes Handeln aber immer noch vorhanden und wir können jederzeit Zugang zu ihm finden.

Das Erbe der Wölfe

Ich bin fest davon überzeugt: Was wir unseren Hunden geben, geben sie uns um ein Vielfaches zurück.

HUNDE SIND KEINE MENSCHEN

Wenn wir Hunde wie Menschen behandeln, sind Probleme schnell die Tagesordnung. Denn das Verhalten unserer Vierbeiner ist geprägt von Instinkten, die von den Zweibeinern nicht immer gern gesehen sind.

Die Gründe, warum Menschen einen Hund haben wollen, sind so unterschiedlich wie die Menschen selbst. Sie wünschen sich einen treuen Gefährten oder jemanden, der sie beim Sport begleitet. Der eine will, dass seine Kinder mit Tieren aufwachsen, der andere ist auf die Hilfe eines Therapiehundes angewiesen, weil er zum Beispiel blind ist. Was die Beweggründe verbindet: Sie sind alle mehr oder weniger »egoistisch«. Selbst wenn wir einen Hund zu uns nehmen, weil wir ihm helfen wollen, tun wir das, weil wir uns dabei gut fühlen. Wir wollen mit dem Hund unsere Wünsche und Träume verwirklichen.

So unterschiedlich die Argumente für einen Hund auch sein mögen, eines eint sie alle: Es ist absolut nichts Schlechtes oder Falsches daran, sich seine eigenen Wünsche zu erfüllen. Schlecht oder falsch wäre nur, den Hund nicht artgerecht zu behandeln und ihm nicht den Respekt entgegenzubringen, den er verdient. Und damit meine ich, dass es nicht genügt, ihn zu füttern, für Auslauf zu sorgen und regelmäßig zum Tierarzt zu gehen. Das sollte selbstverständlich sein! Artgerechte Haltung bedeutet, dass man den Hund so weit wie möglich nach seiner Natur leben lässt. Sie bedeutet, dass man seine Natur respektiert und ihn entsprechend behandelt. Der Hund folgt noch immer seinen ursprünglichen Instinkten und will in einem Sozialverband leben, in dem die Rollen klar verteilt sind. Jedes Mitglied dieser Gruppe soll eine bestimmte Stellung und eine bestimmte Aufgabe übernehmen. Diese Hierarchie darf, wie gesagt, keinesfalls als Hackordnung missverstanden werden. Sie ist vielmehr die Garantie für eine sichere und ruhige Atmosphäre, die der Gruppe wiederum das Überleben sichert. Ob es sich dabei um ein reines Hunderudel handelt oder um ein soziales Gebilde, in dem Mensch und Hund zusammenleben, ist für den Hund unerheblich. Was er braucht, sind klare Strukturen und einen »Chef«, der die Verantwortung für ihn übernimmt, damit er selbst den Kopf frei hat, um die ihm zugedachten Aufgaben zu erfüllen.

Damit sind Hunde dem Großteil ihrer Zweibeiner gar nicht so unähnlich. Und genau darin besteht auch das Risiko, dass die Beziehung »scheitert«. Weil Hunde uns in vielen Dingen so ähnlich zu sein scheinen, machen wir häufig den Fehler, ihr Verhalten nach

GEHEIMNIS 2: NATÜRLICHE INSTINKTE WIEDERENTDECKEN

Hunde denken nicht an später. Sie leben im Hier und Jetzt – und das wollen Sie genießen.

unseren menschlichen Kriterien zu bewerten und dadurch falsch zu interpretieren. Genauso nehmen wir an, dass der Hund uns so verstehen muss wie ein Mensch, dem er doch so ähnelt. Und wundern uns dann, dass der Hund so anders reagiert, als wir es erwartet haben. Wir haben ihm doch zum Beispiel ausführlich erklärt, dass wir morgens ins Büro müssen, dafür aber mittags einen schönen Spaziergang mit ihm machen werden. Und als wir nach Hause kamen, hatte er trotzdem die neuen Schuhe zerbissen, die Kissen auf dem Sofa zerfleddert und auf den Wohnzimmerteppich gepinkelt. Ist es ein Wunder, dass der Geduldsfaden reißt und man den Hund ausschimpft? In so einem Stadium ist das Mensch-Hund-Team alles andere als harmonisch. Der Hund ist verunsichert und der Mensch enttäuscht, weil seine Wünsche und Vorstellungen so gar nicht der Realität entsprechen.

Umgekehrt ist es genauso: Wenn sich ein Hund beim Essen neben uns setzt und uns mit großen Augen anschaut, denken wir oft: »Oh, der Arme! Während wir genießen, muss er hungern« – und stecken ihm etwas

»Es ist unsere Pflicht, Verantwortung zu übernehmen und dafür zu sorgen, dass jeder Hund ein artgerechtes Leben führen kann.«

von unserem Teller zu. Typisch Mensch, kann ich da nur sagen. Denn der Hund hat mit sehr großer Wahrscheinlichkeit keinen Hunger, sondern will nur nicht akzeptieren, dass dieses Essen nicht ihm gehört. Wenn in einer Familie die Ordnung intakt, also klar ist, dass der Mensch die Verantwortung trägt und der Hund sich ihm anvertrauen und folgen kann, weiß der Vierbeiner, dass das Essen den Menschen gehört. Er bleibt dann ruhig auf seinem Platz liegen, während die Zweibeiner genießen.

Wann beginnt eigentlich Vermenschlichung?

Wenn ich meine Kunden bitte, mir ein typisches Beispiel für die Vermenschlichung von Hunden zu nennen, antworten die meisten, ohne lange zu zögern: wenn man ihnen Kleider anzieht. Offensichtlich scheint gerade durch die Kleidung, die ursprünglich einmal als zweite »Haut« die Barriere zu unserer Außenwelt darstellte, die Grenze zwischen Hund und Mensch zu verwischen. Sie wird plötzlich zum verbindenden Element.

Bettelnder Hund, nachgiebiger Mensch – wer auf seine Instinkte hört, kann das Problem leicht aus der Welt schaffen.

GEHEIMNIS 2: NATÜRLICHE INSTINKTE WIEDERENTDECKEN

Doch Vermenschlichung beginnt sehr viel früher, genauso wie sie nicht endet, wenn wir Hunden die Kleidung wieder ausziehen. Ich würde sogar sagen, dass es sich im Grunde gar nicht vermeiden lässt, dass wir unsere Hunde bis zu einem gewissen Grad vermenschlichen. Schon indem wir ihnen einen Namen geben, vermenschlichen wir sie. Wir sind schließlich Menschen und sehen die Welt um uns herum zunächst einmal mit Menschenaugen und benennen sie mit Menschenworten. Davon abgesehen leidet ein Hund nicht grundsätzlich darunter, dass er irgendeinen Namen hat. Die Gefahr ist vielmehr, dass er uns schnell einmal wie ein Mensch erscheint, weil er wie ein Mensch heißt. Und dies gilt umso mehr, wenn man sich einmal ins Bewusstsein ruft, wie unsere Hunde heute heißen. Emma, Lilli, Hugo oder Daniel sind im Gegensatz zu Waldi, Hasso, Harras oder Monster eindeutig Menschennamen, die wir auch unseren Kindern geben

Hunde wollen wissen, wohin sie gehören. Darin sind sie uns ähnlich, in vielen anderen Sachen nicht.

»Pferde behandeln wir wie Pferde, Schafe wie Schafe, nur Hunde behandeln wir wie Menschen.«

könnten. Aber Emma-Lilli-Hugo-Daniel ist kein Mensch, sondern ein Tier. Er braucht seine natürliche Umgebung! Emma-Lilli-Hugo-Daniel ist auch nicht der »fertige« Hund, den wir uns als treuen Freund auf vier Pfoten wünschen. Ein Hund kann nur dann diese Rolle einnehmen, wenn wir uns entsprechend verhalten und die Voraussetzungen dafür schaffen. Wenn wir ihn und seine ureigenen Bedürfnisse aber hinter dem Namen vergessen, stehen die Chancen für eine harmonische Beziehung schlecht.

Die Grenze zur schädlichen Seite der Vermenschlichung wird immer da überschritten, wo eigene Emotionen auf den Hund projiziert werden, wo die Signale des Hundes als menschliche Signale und somit als menschliche Bedürfnisse missdeutet werden. Und wo man dadurch die natürlichen Bedürfnisse des Hundes vergisst.

Wer sich exotische Fische ins Haus holen will, wird sich vorab gründlich in Büchern oder im Internet informieren, was er berücksichtigen muss. Er wird ein großes Aquarium kaufen und es mit ganz bestimmten Pflanzen und Steinformationen bestücken, das richtige Futter auswählen und, und, und. Alles in allem wird er viel Geld investieren, um den ursprünglichen Lebensraum der Fische so gut es geht nachzuahmen, um eine artgerechte Haltung zu ermöglichen.

Wer sich einen Hund anschafft, gibt in der Regel ebenfalls eine schöne Summe für die Ausstattung aus. Allerdings wird das Geld vor allem in Dinge investiert, die wir (!) schön finden, wie Hundebett oder Halsband. Und wir gehen automatisch davon aus, dass diese Sachen dem Hund auch gefallen. Dabei wäre dem egal, ob er auf einer alten Decke, einer ausgemusterten Babymatratze oder im

Rausgehen, in der Natur sein, ist wichtig für Hunde. Aber noch wichtiger ist, dass sie ihren Platz im »Rudel« haben.

GEHEIMNIS 2: NATÜRLICHE INSTINKTE WIEDERENTDECKEN

Designerkörbchen schläft und ob die Farbe von Halsband und Leine zu der seines Fells, den Autositzen oder unseren neuen Winterschuhen passt. Nur weil etwas uns gefällt, heißt das noch lange nicht, dass es auch dem Hund gefällt, beziehungsweise dass es in irgendeiner Weise wichtig für ihn wäre. Ein Hund braucht eben andere Dinge als ein Mensch, um sich wohlzufühlen. Seine Bedürfnisse sind nicht ästhetischer, sondern von viel grundlegenderer Art. Und genau das sollten wir berücksichtigen, wenn wir selbst

> »Das Verhalten der Hunde mag uns an unser eigenes erinnern. Aber sie fühlen nicht wie wir.«

das Leben mit dem Hund stressfrei genießen wollen. Nur wenn wir die Bedürfnisse des Hundes kennen und respektieren, kann der Hund uns das geben, was wir uns von ihm wünschen. Absolutes Vertrauen!

Hunde sind anders

Wir tun dagegen dem Hund nichts Gutes, wenn wir unsere eigenen Gefühle auf ihn projizieren, denn damit vermenschlichen wir ihn. Es ist unumstritten, dass Hunde fühlen und empfinden. Aber wir dürfen nicht den Fehler machen, ihre Gefühle mit unseren gleichzusetzen, nur weil ihr Verhalten uns an uns selbst erinnert.

Ich erkläre das gerne aus einem Beispiel aus der Praxis: Ich hatte einen Kunden, dem einer seiner beiden Hunde verstarb. Die ganze Familie war traurig, aber am meisten schien der »hinterbliebene« Vierbeiner betroffen. Er veränderte sich grundlegend. Hatte er bisher ruhig und zufrieden auf seinem Platz geschlafen, während seine Menschen vormittags außer Haus waren, jaulte er jetzt herzzerreißend, sobald er alleine bleiben sollte. Auf der Straße kläffte er plötzlich

Ein Blick, viele Interpretationen. Was wir auf unsere Hunde projizieren, entspricht oft nicht dem, was sie fühlen.

Hunde können sehr innige Beziehungen zu Artgenossen aufbauen. Aber fühlen sie deshalb so wie wir?

jeden anderen Hund an – keine Spur mehr von den bisher gewohnten »Gassigeh-Manieren«. Für meinen Kunden war das nur allzu verständlich, er hatte sogar regelrecht Mitleid mit seinem Hund. Schließlich ging er davon aus, dass dieser nach dem Verlust seines Gefährten genauso trauerte wie er selbst und sich ohne seinen alten Freund einfach einsam fühlte. Und war damit schon in die Falle getappt, weil er voraussetzte, dass Hunde den Verlust eines Gruppenmitglieds auf die gleiche Art bewältigen (oder nicht), wie wir selbst es tun.

Der Grund für den »Sinneswandel« war jedoch ein ganz anderer: Weil seine Menschen traurig waren, verhätscheln sie den verbliebenen Hund. Und was tat der? Statt diese Extraportion Fürsorge zu genießen, wie es ein Mensch vielleicht tun würde, reagierte der Hund verunsichert auf das Mitleid. Er verstand nicht, warum altbewährte Regeln plötzlich nicht mehr galten und gewohnte Strukturen brachen. Hunde trauern auch. Aber wir helfen ihnen nicht, die Lücke in ihrem Leben zu füllen, indem wir Mitleid mit ihnen haben. Sie brauchen stattdessen unsere

GEHEIMNIS 2: NATÜRLICHE INSTINKTE WIEDERENTDECKEN

Neuer Hund, neuer Blick. Ein Welpe kann die Welt des »alten« Hundes ganz schön durcheinander bringen.

Führung, damit es ihnen wieder gut geht. Der Mensch kann Mitleid verstehen und es verarbeiten. Ein Hund kann das nicht. Er interpretiert die Gefühle, die er so selbst nicht kennt, als Zeichen der Schwäche, was seine Unsicherheit noch verstärkt. Wer schwach ist, kann weder Ruhe noch Sicherheit vermitteln. Aber genau das sollten Hundebesitzer tun. Anderenfalls springt irgendwann der natürliche »Alarmknopf« an und der Hund wird versuchen, selbst die Kontrolle zu übernehmen, die er bei Ihnen vermisst. Wenn der »verwaiste« Hund meines Kunden jaulte, sobald man die Tür hinter sich zuzog, beklagte er also nicht, dass er nun mutterseelenallein zu Hause bleiben sollte. Er reagierte auf die unsicheren Verhältnisse um sich herum. Er rebellierte, weil er seine neue Chefrolle nicht ausüben und seine Menschen nicht beschützen konnte, wenn sie ohne ihn weggingen. Genauso wenig bellte er beim Gassigehen andere Hunde an, weil ihm die »Ansprache« des verstorbenen Freundes fehlte. Er versuchte ganz einfach die Rolle zu übernehmen, die sein Mensch gerade nicht ausfüllte: die des Anführers, des Chefs, des Verantwortlichen. Eine Rolle also, die ihn absolut überforderte.

Aber das ist wie gesagt nur ein Beispiel unter vielen. Genauso kann es sein, dass ein Hund plötzlich ganz anders »tickt« als bisher, wenn noch ein Welpe ins Haus kommt. Auch dann werden häufig alte Regeln auf den Kopf gestellt, Stabilität, Prinzipien, Sicherheit gehen dem »alten« Hund in gewissem Maße verloren und seine bisher intakte hündische Welt bekommt Risse. Gerade wenn sich in ihrem Umfeld massive Veränderungen ergeben, brauchen Hunde nicht unser Mitleid. Wenn Sie Ihrem Hund wirklich helfen wollen, geben Sie ihm Sicherheit und Ruhe. Behalten Sie alte Strukturen und Gewohnheiten bei. Gehen Sie viel mit ihm spazieren (nach meiner Art, die ich Ihnen ab Seite 97 erkläre) und bringen Sie ihn so auf seine natürliche Basis zurück.

Besonders leicht tappt man übrigens in die »Mitleidsfalle«, wenn man einen Hund aus dem Tierheim bei sich aufnimmt. So ein Hund ist oft sehr unsicher. Und wie interpretieren wir sein Verhalten? Die meisten werden denken: »Der Arme, was mag er nur schon alles erlebt haben?« Der Mensch in der Menschenwelt ist gewohnt, Schwächere besonders zu umsorgen und ihnen zu helfen. In der Hundewelt dagegen wird ein entsprechendes Verhalten als Schwäche gedeutet. Unbewusst zeigen wir durch unser Mitleid also genau diese Schwäche – und verstärken dadurch die Unsicherheit des Tieres noch mehr, anstatt sie zu beseitigen.

Wenn Hunde mit diesen menschlichen Gefühlen konfrontiert werden, wird die Stabilität, die sie für ihr Leben brauchen, zerstört. Die klaren Hierarchien der hündischen Welt gehen verloren. Der Hund ist auf sich gestellt, weil er sich nicht mehr auf die Prinzipien und Regeln innerhalb der Gruppe verlassen kann und sich nicht mehr sicher fühlt. Das bringt die Harmonie ins Wanken.

> *»Gegenüber Hunden aus dem Tierheim schnappt die Mitleidsfalle besonders schnell zu. Wir denken nämlich eher daran, was ein Tier schon erlebt haben könnte, anstatt daran, wie wir ihm endlich Sicherheit schenken können.«*

HUNDE BRAUCHEN KEIN MITLEID

Ein Hund lebt im Hier und Jetzt, er macht sich keinen Kopf darüber, was war. Er braucht kein Mitleid, sondern einen Besitzer, der ihm Ruhe und Sicherheit gibt. Damit er feste Regeln hat, an denen er sich orientieren kann. Damit er endlich jemandem folgen kann. Damit er ein souveräner, ausgeglichener und glücklicher Hund wird. Damit er der Hund sein kann, den Sie sich wünschen.

EINE FRAGE DES RESPEKTS

Wenn Hunde echte Partner sein sollen, müssen wir sie als das respektieren, was sie wirklich sind und ihr ureigenes Bedürfnis nach Sicherheit erfüllen. Erst dann können wir ihnen auch unsere Liebe schenken.

Hunde bringen ein Stück Natur zurück in unsere moderne Welt. Sie können uns im wahrsten Sinn des Wortes erden. Dazu müssen wir aber bereit sein, sie als das zu respektieren was sie sind: Hunde! Familienhunde haben heute jedoch vornehmlich eine Aufgabe: Sie sollen Sozialpartner sein. Entsprechend werden sie in fast allen Haushalten wie ein »echtes« Familienmitglied betrachtet und auch so behandelt. Und das ist richtig so. Aber die Grenze zwischen einem Familienmitglied und zu vielen menschlichen Gefühlen ist sehr dünn. Daher sind viele Probleme vorprogrammiert.

Falsch verstandene Liebe

Was viele meiner Kunden immer wieder erstaunt, ist, dass Hunde nicht nur Zorn, Angst, Trauer oder Mitleid als Schwäche deuten. Auch positive Gefühle können im falschen Moment kontraproduktiv sein. Fühlt sich der Hund nicht als Folger sicher, wird er durch sie noch mehr verunsichert. Kann er nicht fliehen, fällt er instinktiv in den dominanten Part. Wenn das geschehen ist und wir weiterhin Schwäche zeigen, wird er immer mehr in diese Rolle schlüpfen.

Die meisten Hundehalter wollen mit viel Liebe und Zuneigung ihren Hund verwöhnen und erobern. Doch genau dieses ganz normale, menschliche Bedürfnis ist das Problem. Gerade weil wir unsere Hunde so sehr lieben, müssen wir ihre Hundenatur respektieren. Wir sollten nie vergessen, dass wir die meiste Zeit nur unser (!) Bedürfnis nach Zuneigung stillen, nicht das des Hundes. Hunde brauchen auch Zuneigung, wie jedes Säugetier. Wir sollten jedoch nie vergessen, den Hund als Hund zu sehen. Der Hund, der uns als Anführer braucht.

Ich habe noch niemanden kennengelernt, der seinem Hund böswillig Schaden zufügen wollte. Im Gegenteil: Die Menschen, die mich Tag für Tag um Hilfe bitten, lieben ihre Hunde oft über alles und wünschen sich nichts sehnlicher, als dass es ihnen gut geht. Dabei merken sie nicht, dass sie ihren Vierbeinern gerade mit dieser bedingungslosen Liebe schaden und dass vor allem sie es ist, die einer harmonischen Beziehung im Wege steht. Denn was passiert genau in dem Moment, in dem wir unsere Gefühle auf

GEHEIMNIS 2: NATÜRLICHE INSTINKTE WIEDERENTDECKEN

Ich liebe meine Hunde und zeige ihnen das mitunter auch auf menschliche Art – wenn der Moment stimmt.

menschliche Art offenbaren? Wir zeigen Schwäche. Diese Schwäche macht den Hund unsicher, denn er kann seine natürliche Folger-Rolle nur einnehmen, wenn er sich sicher fühlt. Dazu braucht er einen Anführer, dem er sich anvertrauen kann. So ein Chef darf nicht schwach sein, er muss ruhig und sicher sein, damit er die Verantwortung für seine Schützlinge übernehmen kann.

Wenn ich meinen Kunden das erkläre, reagieren sie zuerst tief bestürzt. Denn in ihren Ohren kommt nur eine Botschaft an: Ich darf nicht mehr mit meinem Hund kuscheln.

Zum Glück kann ich die Menschen aber schnell beruhigen. Die Erkenntnis, dass ein Hund unsere Form der Liebe nicht versteht, bedeutet nämlich keinesfalls, dass sie Ihren Vierbeiner ab heute nicht mehr streicheln und herzen dürften. Jeder Hundebesitzer, den ich kenne, will das tun und zwar am liebsten mehrmals am Tag – ich selbst eingeschlossen. Wissenschaftler in Schweden haben sogar herausgefunden, dass unser Körper, wenn wir einen Hund streicheln, vermehrt Oxytocin ausschüttet, ein Hormon, das zum Beispiel auch beim Liebesakt produziert wird. Und die Hormonproduktion wird nicht nur bei uns selbst angekurbelt, wenn wir mit unserem Vierbeiner kuscheln, sondern auch bei diesem. Wir tauchen sozusagen gemeinsam in eine Wolke von »Wohlfühlhormonen«. Kein Wunder, dass wir dieses Gefühl immer wieder erleben wollen. Ich selbst brauche ehrlich gesagt keine Wissenschaftler, um zu wissen, dass Hunde guttun. Und Sie wahrscheinlich auch nicht. Kuscheln Sie also so viel mit Ihrem Hund, wie Sie wollen. Aber tun Sie es im richtigen Moment. Wenn Sie Ihren Hund in einer dominanten, aufgeregten Phase streicheln, herzen und liebkosen, »füttern« Sie sein Ego und stärken ihn in dieser Position. Und damit hat nicht nur Ihr Hund Probleme, sondern irgendwann auch Sie selbst.

Der Grund dafür: Wenn Sie Liebe zeigen, zeigen Sie Schwäche und in der Natur ist für Schwäche leider kein Platz. Zeigen Sie Ihre Liebe daher nur, wenn Ihr Hund unterwürfig, ruhig und entspannt ist. In diesem Moment können Sie die gemeinsamen Minuten beide in vollen Zügen genießen. Weil Sie sich auf gleicher Augenhöhe begegnen. Denken Sie nur an die »Übung«, die ich Ihnen auf den ersten Seiten dieses Buches geschildert habe. Setzen Sie sich auf den Boden und warten Sie ab, bis sich Ihr Hund ganz entspannt zu Ihnen legt. Nun können Sie ihn streicheln und streicheln und streicheln. Er wird Ihre Liebe genießen, weil Sie ruhig und sicher sind. Dadurch fühlt auch er sich sicher aufgehoben und Sie können eine wahre Verbindung zueinander knüpfen. Dann halten sich Liebe geben und Liebe nehmen die Waage. Sie sind eins!

Von Anfang an die richtigen Signale geben

Nicht selten sind die Weichen schon von Anfang an falsch gestellt. Fast immer ist nämlich das Erste, das ein Welpe von uns mitkriegt, Schwäche. Wir können unsere Gefühle nicht kontrollieren. Wir quietschen: »Ist er süüüß!« Wir streicheln den Kleinen, wenn er an uns hochspringt, nehmen ihn sofort auf den Arm, wenn er jammert. Und begeben uns so, ohne es zu merken, immer mehr selbst in die

Die meisten Menschen zeigen gern Emotionen. So freudig kommt der Hund aber nur, wenn er sich sicher fühlt.

Der erste Augenblick zählt: Bevor Sie den Welpen knuddeln, sollte er Gelegenheit haben, Sie kennenzulernen.

Rolle des Schützlings. Dabei ist der erste Eindruck das Wichtigste. Machen Sie sich den ersten Moment des Kennenlernens nicht kaputt. Sie wollen mit diesem Lebewesen schließlich die nächsten Jahre verbringen, wenn alles gut geht, sein Leben lang.

Wenn ich selbst einen neuen Welpen bekomme, lege mich erst einmal auf den Boden, beobachte den Kleinen und warte ganz ruhig und entspannt ab, was geschieht. Irgendwann kommt der Hund dann heran – das dauert mal länger, mal weniger lang –, schnuppert an mir, knabbert vielleicht auch ein bisschen an meinen Schuhen, Hosenbeinen oder Händen herum. Egal was er macht, ich lasse ihm Zeit, mich zu erkunden, ehe ich ihn erkunde. Er riecht, sieht und fühlt, was ich fühle und wird so meine innere Ruhe und Sicherheit spüren. Irgendwann legt er sich zu mir und entspannt. Und erst dann beginne ich, ihn zu streicheln.

Das Erste, was der Welpe von mir mitkriegt, ist ein Gefühl der Ruhe und Sicherheit. Und dieses Gefühl ist der Grundstein für eine gute Beziehung. Denn so wie er mich im ersten Moment erlebt, werde ich in seinem Kopf bleiben. Als ein ruhiger und sicherer Mensch, der weiß, was er tut, und dem man sich daher ohne Sorgen anvertrauen kann.

Zum Schluss möchte ich noch einmal kurz auf die Kleidung zurückkommen, um die es schon am Anfang dieses Kapitels kurz ging. Ein Hund findet es vielleicht nicht unbedingt super angenehm, wenn er einen Pullover oder ein Mäntelchen tragen soll. Es schadet ihm aber auch nicht, solange die Positionen geklärt sind. Wenn Sie selbst Sicherheit und Ruhe ausstrahlen, während Ihr Hund ruhig und unterwürfig ist, können Sie all die Dinge mit ihm tun, die nur ein Mensch mit ihm machen würde. Alles, was uns gefällt, ist kein Problem, solange es dem Hund und damit auch der Beziehung zu ihm nicht schadet. Das bedeutet: Wenn der Hund weiß, dass Sie der Chef sind, dürfen Sie ihn auch »vermenschlichen«. Wenn Sie sein natürliches Bedürfnis nach Sicherheit respektieren, können Sie ihn streicheln, küssen, mit ihm reden, ihn frisieren – und ihn auch anziehen. Ein Hund leidet nicht, wenn er »verkleidet« wird. Er leidet, wenn er nicht so leben kann, wie es seiner Natur entspricht, weil man seine Instinkte nicht berücksichtigt. Wer das beherzigt, kommt der erfüllten Mensch-Hund-Beziehung ein großes Stück näher.

> *»Das Wichtigste ist, die wahre Verbindung zu seinem Hund zu finden.«*

Hat der Welpe genug geschnuppert und sich zu ihnen gelegt, ist Ihr Moment gekommen: 1, 2, kuscheln!

HUNDE BRINGEN UNS ZURÜCK ZU UNSEREN WURZELN

Wir verlieren immer mehr den Kontakt zur Natur. Hunde können uns einen Weg zeigen, die Verbindung wiederherzustellen. Diese Gelegenheit sollten wir nutzen.

Peter Maffay liebt es, gemeinsam mit seinen Hunden die Natur zu entdecken und dabei zu sich selbst zu finden.

Sie scheinen Hunden gegenüber eine natürliche Präsenz zu haben. War das schon immer so?

Peter Maffay: Ich bin mit Hunden großgeworden. Als ich ungefähr zehn Jahre alt war, hatten wir einen Dackel. Weil alle ihn so niedlich fanden, wurde er ständig gedrückt und geherzt, auf dem Boden hin und her gekugelt, an den Ohren gezupft … Dem Hund hat das natürlich nicht gefallen. Er hat daher immer alle Leute in die Schuhe gebissen. Bei mir ist er einmal durch das Leder gedrungen und hat mich richtig fest in die Zehen gezwickt. Ich habe darauf prompt reagiert, ihn gepackt und in den Nacken gebissen. Ab da hat mir der Hund nie wieder etwas getan. Ich habe als kleiner Junge instinktiv das gemacht, was in der Natur auch ein höherstehendes Rudelmitglied machen würde, um einen Rabauken in seine Grenzen zu weisen. Auge um Auge, Zahn um Zahn ist nicht nur ein alttestamentarisches Gesetz, sondern auch ein natürliches, tierisches. Als Kind hat man noch einen gewissen Instinkt, man ist mit dem Natürlichen viel stärker verbunden. Das kindliche Verhalten Tieren gegenüber ist viel natürlicher. Als Erwachsener würde man in so einem Fall erst überlegen, ob man lauter Haare im Mund haben will oder worin sich der Hund davor gewälzt haben könnte. Ich selbst gehe bis heute mit Tieren um, wie es mir mein Bauchgefühl vorgibt. Und seit ich José kenne, weiß ich, dass ich damit richtig liege. Für ihn ist ein wesentliches Element, dass man den Hund nicht vermenschlicht, sondern so behandelt, wie es seiner Natur entspricht. Und dafür müssen wir erst unsere eigenen Instinkte wiederentdecken.

Haben Kinder denn ein besseres Gespür für Hunde?

Peter Maffay: Die Kinder, die in unser Therapiehaus kommen, haben ganz unterschiedliche Erfahrungen gemacht. Manche lieben Hunde, andere haben Angst vor ihnen. Ich kann daher nicht prinzipiell sagen, dass sie ein natürliches Verhältnis zu Hunden haben. Was man aber sieht: Hunde und überhaupt alle Tiere sind ein unglaublich stabilisierender Faktor. Seelenfrieden, Balance, Harmonie kommt durch Berührung zustande. Wenn sich zwei Lebewesen auf Augenhöhe begegnen, tut das beiden gut. Mit einer Katze, einem Hund, einer kleinen Ziege zu kuscheln, weicht auf und öffnet. »Unsere« Kinder sind umgeben von Tieren. Wenn sie ihre Zähne putzen, schauen sie nicht in den Spiegel, sondern aus dem Fenster zu den Tieren. Weil wir die Spiegel abmontiert haben, blickt man direkt in den Garten, sieht dort ein Schweinchen und schon ist man besser drauf.

Die meisten Menschen finden nur schwer Zugang zur Natur.

Peter Maffay: Vielleicht liegt die Kunst für Erwachsene darin, das natürliche Gespür wiederzufinden, das wir als Kinder hatten. Oder schauen Sie sich die Naturvölker an. Bei ihnen ist der Respekt und das Verständnis gegenüber dem Tier immer noch viel stärker verankert und vorhanden als bei uns. Ich war einmal mit Aborigines im australischen Busch unterwegs. Die konnten aus Fährten ganze Geschichten lesen. Wann ist jemand vorbeigelaufen? Wie viele Kilometer hatte er schon hinter sich? Wohin ist er gelaufen? War er gehetzt? Lief er ruhig? War er in Gefahr? Diese Menschen begegnen dem Tier auf gleicher Augenhöhe. Davor habe ich sehr viel Respekt. José hat diese natürliche Verbundenheit mit Hunden übrigens auch. Daher fällt es ihm leicht, den wahren Grund eines Problems zu erkennen und Wege zu zeigen, wie das Miteinander wieder klappen kann.

> *»Hunde sind absolut mit der Natur verbunden. Sie sind ein Teil von ihr.«*
> *Peter Maffay*

Würden Sie sagen, dass Sie sich mit Ihren Hunden auf einer Wellenlänge befinden?

Peter Maffay: Auf jeden Fall. Wenn ich mit meinen Hunden unterwegs bin, werde ich, auch wenn ich nicht selbst an jedem Strauch das Bein hebe, in gewisser Weise selbst ein bisschen zum Hund. Ich laufe mit den Tieren, sehe, wie sie ihre Umwelt beobachten und fange selbst an zu beobachten. Ich habe kein Ziel: Ich muss nicht irgendwo ankommen und dann wieder umkehren. Ich laufe und schaue, ich rieche und spüre. Nicht anders machen es die Hunde. Sie leben im Hier und Jetzt.

GEHEIMNIS 3:
FÜR AUFGABEN UND BESCHÄFTIGUNG SORGEN

Warum Hunde nicht einfach sich selbst überlassen werden sollten und wie wir ihnen zeigen, dass sie sich auf uns verlassen können.

JEDER EINZELNE IST WICHTIG

Jedes Tier im Hunderudel muss mithelfen, damit die Gruppe überlebt.
Nicht nur der Anführer ist wichtig, auch die anderen haben Aufgaben.

Hunde sind keine wilden Tiere, sondern suchen die Nähe des Menschen. Sie haben sich uns im Laufe der Domestizierung untergeordnet, um so ihr Überleben dauerhaft zu sichern. Wie Wissenschaftler erst vor Kurzem entdeckt haben, begann diese Beziehung bereits vor 18 000 bis 32 000 Jahren in Europa. Noch bevor unsere Steinzeitahnen Schafe, Ziegen oder Schweine hielten, folgten ihnen die ersten Wölfe auf die Jagd, vermutlich in der Hoffnung auf Nahrungsreste und Aas. Trotz dieser langen Zeit ist der Hund seinem »Urvater« in vielen Dingen noch immer weitaus ähnlicher, als man es vielleicht auf den ersten Blick vermutet. Wir können zum Beispiel bei einem Mops oder Retriever äußerlich kaum noch Ähnlichkeiten zum Wolf entdecken. Aber viele seiner Instinkte und Triebe sind noch immer da. Auch der Wunsch, sich in unsere Verantwortung zu übergeben, ist tief in den Genen des Hundes verwurzelt.

Wenn Hunde auf der Straße leben, ist es Aufgabe des ganzen Rudels, genug zu fressen für alle aufzutreiben, einen Platz zu finden, an dem sich alle sicher fühlen, sich zu vermehren und auf die Familie aufzupassen. Dabei hat jedes Rudelmitglied seine Funktion im Team: Der Anführer sorgt dafür, dass alle Essen kriegen und dass Ruhe und Zusammenhalt herrschen. Der Rest hat »Nebenaufgaben«, die trotz dieser für uns vielleicht wertmindernden Bezeichnung ebenso wichtig für das Fortbestehen des Rudels sind. Neue Futterquellen heraussuchen, das Revier sichern, den »Jägern« den Rücken decken, die Welpen großziehen und beschäftigen, während die anderen Futter suchen … Jeder Einzelne hat seine Position in der Gruppe und ist ein wichtiges Teil von ihr. Jeder bringt die Fähigkeiten ein, die ihm die Natur mitgegeben hat. Das ist seine Aufgabe! Die »Belohnung« für die Arbeit ist neben genug Futter eine Atmosphäre der Sicherheit und Verbundenheit. In der ihnen angestammten Position fühlen sich alle Rudelmitglieder wohl.

»Wenn jeder eine Aufgabe hat, die er erfüllen kann, fühlen sich alle wohl und im Rudel herrscht Ordnung.«

GEHEIMNIS 3: FÜR AUFGABEN UND BESCHÄFTIGUNG SORGEN

Herumtoben und spielen ist klasse. Aber das allein erfüllt einen Hund noch nicht.

Hunde brauchen Aufgaben

Damit sich ein Hund wohl in seiner Haut fühlt, sollte er auch unter Menschen ähnliche Bedingungen vorfinden wie in einem intakten Hunderudel. Er will uns folgen und möchte dabei die Aufgabe übernehmen, die die Natur ihm zugedacht hat. Wenn wir ihm keine Aufgabe geben, nehmen wir ihm die Chance, seine vorgegebene Position in der Gruppe zu finden. Das verunsichert ihn. Ein Hund muss sich auch unter seinen Menschen fühlen wie ein richtiges »Rudelmitglied« – angenommen und akzeptiert. Und dies gelingt nicht nur, indem der Mensch für Ruhe und Sicherheit sorgt, sondern auch indem er ihm eine Aufgabe zuteilt, die seiner Natur entspricht. Auch das ist eine der Pflichten, die wir als Anführer im Familienbund mit dem Hund erfüllen muss.

Die Aufgaben unserer Hunde haben sich gegenüber den vergangenen Jahrhunderten und Jahrtausenden jedoch stark verändert. Kaum einer muss heute noch Haus und Hof bewachen, Schafe hüten oder Karren ziehen. Stattdessen sollen Hunde Partner sein, Defizite im Sozialleben ausgleichen, uns die Natur wieder näherbringen, das Bild, das wir von uns selbst haben, nach außen präsentieren. Sie sollen unser Leben ein bisschen bunter, reicher und l(i)ebenswerter machen.

Ich bin davon überzeugt, dass es auch früher schon enge, liebevolle Verbindung zwischen Hund und Mensch gab. Aber es darf doch bezweifelt werden, ob zum Beispiel eine Rolle ausschließlich als Partner- oder Kinderersatz die Vierbeiner glücklich macht. Eine echte Aufgabe hat der Hund damit zumindest auf keinen Fall automatisch. Und darauf, dass sich hinter der Projektion menschlicher Sehnsüchte auf den Hund einiges an Konfliktpotenzial verbirgt, bin ich ausführlicher schon in einem der vorangegangenen Kapitel eingegangen (siehe ab Seite 69).

Mit Aufgabe meine ich nicht, dass Sie mit Ihrem Hund ab morgen eine Hütehundausbildung beginnen, mit ihm zum Mantrailing gehen oder ihm allerlei verrückte Zirkuskunststückchen beibringen sollen. Natürlich können Sie all das auch machen (und noch viel mehr), solange Sie selbst und Ihr Hund Spaß daran haben. Aber es ist lediglich ein Training, bei dem Sie Ihren Vierbeiner darauf konditionieren, auf Kommando eine (oder mehrere) bestimmte Sache(n) zu tun. Er befolgt einen Befehl, mehr nicht. Ich habe das selbst schon oft bei einer Hundeschau oder auf dem Hundetrainingsplatz beobachtet. Dort gibt es viele Hunde, die im Ring super folgen, die schwierigsten Hindernisse bewältigen oder sich geduldig frisieren lassen, um nur ein paar Beispiele zu nennen. Sobald sie aber mit der Darbietung fertig sind und der »normale« Alltag sie wieder hat, bellen sie andere Hunde an, ziehen an der Leine oder knurren beim Füttern. Mich erinnert das immer an einen Teenager, der hervorragend Tennis spielt und auf dem Platz überaus charmant und witzig ist. Kaum aber kommt er nach Hause, schnauzt er seine

Ein Hund möchte sich an seinem Menschen orientieren, daher muss der die Rolle des Anführers übernehmen.

Arbeit als Auftrag. Bei der Jagd nutzen wir die natürlichen Instinkte des Hundes, kontrollieren sie aber auch.

Eltern an, verteilt seine verschwitzte Wäsche in der Wohnung und verhält sich, als hätten alle anderen Familienmitglieder lediglich eine Daseinsberechtigung als Statisten. Das fördert nicht gerade die Harmonie. Vielleicht fragen Sie sich jetzt, was es dann zum Beispiel mit Polizei-, Wach-, Blinden-, Lawinen- oder Drogenspürhunden auf sich hat, die ja wirklich (lebens-)wichtige Aufgaben erfüllen? Diese hochspezialisierten Tiere können natürlich ebenfalls nur dann Tag für Tag aufs Neue die erstaunlichsten Dinge leisten, weil sie entsprechend trainiert wurden. Was jedoch bei diesen »hauptberuflichen« Arbeitshunden dazukommt: Die Grundvoraussetzung dafür ist, dass sie mit einem Menschen arbeiten, dem sie sich absolut unterordnen können. Sie sind frei von Angst und Unsicherheit, weil der Mensch die Kontrolle übernimmt. Nur aufgrund dieser stabilen, sicheren Basis können sie sich überhaupt ihrer Spezialaufgabe widmen und sie erfolgreich erfüllen. Selbst ein Jagdhund folgt nicht einfach unkontrolliert seinen tierischen Instinkten. Er rennt nicht einfach davon und wildert, sondern wartet, bis sein Herrchen ihm das Signal für seinen Einsatz gibt. Und genau das ist es, was ich sagen will: Damit eine Aufgabe den Hund erfüllt, darf sie sich nicht auf die bloße Konditionierung beschränken. Die Aufgabe sollte vielmehr sein, dass der Hund

»Die Aufgabe des Hundes ist es, uns zu folgen.«

Immer nur im Garten? Das ist nichts für Hunde. Sie wollen mit uns beim Gassigehen die Welt entdecken.

seine Rolle als Folger einnehmen kann. Wenn Sie es ganz genau nehmen wollen, ist es also auch ein Auftrag an Sie selbst: Werden Sie Anführer! Training ist nur gut, wenn der Hund ausgeglichen ist.

Nichts wie raus!

Die einfachste Aufgabe, die Sie Ihrem Hund erteilen können, lässt sich ohne viele Extratermine in den Alltag integrieren. Sie heißt: Spazierengehen.

Ich habe immer wieder Kunden, die denken, dass ihr Hund bei ihnen wie im Paradies lebt, weil sie ein großes Grundstück haben, auf dem er sich den ganzen Tag über frei bewegen kann. Und genau diese Leute sind schockiert, wenn ich ihnen erkläre, dass gerade diese Freiheit für ihren Hund eher der Hölle als dem Himmel auf Erden gleicht. Hunde wollen nicht den ganzen Tag eingesperrt werden, auch wenn das »Gehege« viele hundert oder tausend Quadratmeter groß ist. Sie wollen immer wieder neue Sachen entdecken und erleben, auch darin sind sie uns sehr

GEHEIMNIS 3: FÜR AUFGABEN UND BESCHÄFTIGUNG SORGEN

»Ein Hund will bei seinem Menschen sein und etwas mit ihm unternehmen. Er will Teil der Familie sein.«

ähnlich. Es ist auch keine Arbeit für den Hund, tagein, tagaus Haus und Garten zu bewachen. Das stresst ihn, weil er die Voraussetzungen dafür nicht mitbringt. Stress wiederum macht ihn unsicher, bringt das natürliche Gleichgewicht in der Gruppe ins Wanken und sorgt für allerlei Probleme. Damit der Hund glücklich und ausgeglichen ist, genügt es eben leider nicht, dass man ihn einfach in den Garten rauslässt. Er möchte bei seinem Menschen sein und etwas mit ihm unternehmen. Er will Teil der Familie sein. Wenn dann auch noch ein Garten da ist, freut sich der Hund. Als Ersatz für Beschäftigung und Nähe ist er ihm zu wenig. Wenn ich dagegen in Palma oder einer anderen Stadt unterwegs bin, treffe ich vergleichsmäßig viel mehr ausgeglichene Hunde als in Wohnsiedlungen mit Garten und auf dem Land. Und ich bin überzeugt davon, dass dies daran liegt, dass ihre Besitzer erstens mangels eigenem Garten gezwungen sind, mehrmals am Tag Gassi zu gehen, und zweitens den Stadthund mehr führen. Man fühlt sich auf belebten Straßen von Haus aus stärker für seinen Vierbeiner verantwortlich und passt auf, dass er nicht vor ein Auto oder in ein Fahrrad läuft. Das Gefühl, den Hund gegen mögliche Gefahren absichern zu müssen, »katapultiert« uns automatisch in die Position, die wir einnehmen müssen, damit sich der Hund wohlfühlt. Indem wir für seine Sicherheit sorgen, sind wir die Chefs, auch wenn wir das vielleicht in dem Moment gar nicht bewusst wahrnehmen.

Trotzdem! Nur spazieren gehen, das mag Ihnen jetzt vielleicht doch zu einfach erscheinen, um Probleme mit dem Hund zu lösen oder ihnen von vornherein vorzubeugen. Und ich gebe zu, dass ich darunter auch nicht an dasjenige Gassigehen denke, das die meisten Hundehalter tagtäglich praktizieren: Tür auf, Hund raus, ab ins Grüne, den Hund einfach laufen lassen, vielleicht selbst ein paar nette Leute treffen und ein bisschen plaudern, bevor es ins Büro geht, bevor man den Haushalt erledigen muss, bevor der ganz normale Alltag beginnt. Nein, das meine ich nicht. Wenn der Spaziergang so abläuft, kann der Hund schnell das Gefühl bekommen, dass Sie nicht alles im Griff haben – was wiederum zur Folge hat, dass er selbst die Situation in den Griff bekommen muss. Er läuft dann immer vorneweg und kontrolliert die Lage, er muss anderen Hunden imponieren oder verscheucht sie, jagt Enten und Eichhörnchen hinterher und kümmert sich nicht darum, was Sie machen. Oder, um es ganz deutlich zu sagen: Hier führt der Hund. Er ist Chef, er übernimmt die Verantwortung.

Zum Glück ist es meistens gar nicht schwer, die Balance wiederherzustellen. Man muss dazu nur das Gassigehen als Teil der »Beziehungsarbeit« ansehen. Es lohnt sich: Wenn Sie beim Gassigehen alles richtig machen, kann Ihr Hund die Verantwortung wieder an Sie abgeben und den gemeinsamen Ausflug endlich genießen – und Sie können es auch!

Jeder Einzelne ist wichtig

Nur mit einem Ohr dabei? Wenn Ihr Hund tun soll, was Sie wollen, müssen Sie erst an sich selbst arbeiten.

DISZIPLINIERT GASSI GEHEN

Die täglichen Spaziergänge sind ein idealer Zeitpunkt, um dem Hund zu zeigen, wer in der Beziehung die Verantwortung innehat. Wer sich dabei an ein paar klare Strukturen und Regeln hält, hilft seinem Vierbeiner dabei, in seine natürliche Rolle zu finden und das Leben stressfrei zu genießen.

Meine Empfehlung für alle, die die Balance zwischen sich und ihrem Hund (wieder) herstellen wollen, lautet: Gehen Sie diszipliniert spazieren. Vielleicht erschrecken Sie jetzt, weil das Wort Disziplin für viele von uns ähnlich negativ besetzt ist wie die Begriffe Anführer oder Unterwerfung. Dabei bedeutet es doch nur, dass Sie den Spaziergang strukturieren, den Hund führen und ihm so klar die Richtung vorgeben. Etwa 90 Prozent des Spaziergangs bleibt der Hund dabei konzentriert bei Ihnen, die restlichen zehn Prozent hat er »frei«, kann sich lösen, herumschnüffeln, spielen, sich ausruhen, andere Hunde treffen …

Ganz praktisch könnte ein derartiger Spaziergang so aussehen: Sie verlassen das Haus oder steigen aus dem Auto und führen Ihren Hund erst einmal 15 Minuten mit oder ohne Leine. In dieser Zeit soll der Hund nichts auf eigene Faust unternehmen. Er soll keinen anderen Hund begrüßen, es sei denn, Sie wollen das auch (beziehungsweise Sie wollen sich mit dessen Frauchen oder Herrchen unterhalten), er soll nicht rennen, hüpfen, spielen … Kurzum: In dieser Viertelstunde hat der Hund nichts anderes zu tun, als Ihnen zu folgen und neben Ihnen herzulaufen. Und genau dabei arbeitet er. In seinem Kopf ist diese für uns scheinbar doch simple Sache nämlich natürliche Arbeit. Arbeit nach seinem natürlichen Instinkt.

Ist die Viertelstunde um, bleiben Sie an einem schönen Plätzchen stehen oder setzen sich hin. Der Instinkt des Hundes sagt ihm, dass jetzt die Zeit gekommen ist, all das zu tun, wofür vorher keine Zeit war, weil er ja arbeiten musste. Jetzt kann er herumschnuppern, sein Geschäft erledigen, sich hinlegen oder spielen, während Sie ihn beobachten, die Ruhe genießen oder sich einfach ein wenig in der Sonne bräunen. Nach fünf Minuten rufen Sie Ihren Hund dann zu

»Spazierengehen ist die beste Art, den Hund in seine natürliche Position zu bringen.«

GEHEIMNIS 3: FÜR AUFGABEN UND BESCHÄFTIGUNG SORGEN

> *»Richtig Spazierengehen ist der Schlüssel zu einem besseren Miteinander von Mensch und Hund.«*

sich und gehen diszipliniert Seite an Seite zurück. Und das Ganze machen Sie am besten dreimal am Tag. Natürlich können Sie diese Art des Spaziergangs beliebig ausdehnen. Ich selbst bin oft viele Stunden mit meinen Hunden unterwegs. Wichtig ist aber auch dann, dass sich Phasen des Geführtwerdens und solche, in denen der Hund selbstständig die Umgebung erkunden kann, ablösen – wobei erstere überwiegen sollten.

Wie rasch sich Konflikte mit dem Hund allein dadurch in Luft auflösen, dass man beim Spazierengehen diese paar Regeln beachtet, erlebe ich so gut wie jeden Tag mit meinen Kunden. Unabhängig davon, dass der Hund sehr häufig vor allem draußen überhaupt erst Probleme macht. Sie können jedoch davon ausgehen, dass die Beziehung insgesamt nicht stimmt, wenn der Hund draußen »rebelliert«. Es ist zum Beispiel häufig nur so, dass es zu Hause nicht auffällt, dass der Hund das Sagen hat. In den eigenen vier Wänden hat er nicht das Gefühl, ständig die Lage kontrollieren und auf Sie aufpassen zu müssen. Ich würde an dieser Stelle aber wetten, dass ein Hund, der draußen die »Hose anhat«, bellt, wenn es an der Tür läutet oder Rabatz macht, wenn Besuch kommt. Um ein paar Beispiele zu nennen.

Auch einer meiner Kunden hat so einen Hund, der von der ganzen Familie heiß und innig geliebt wird, und der zu Hause absolut »unkompliziert« ist. Sobald man aber mit ihm auf die Straße ging, gab es Probleme. Wenn ihm ein Fußgänger, Fahrradfahrer oder ein anderer Hund entgegenkam, drehte er völlig durch. Er bellte wie verrückt und stemmte sich so gegen die Leine, dass man ihn kaum halten konnte. Jeder Spaziergang wurde zu einem Spießrutenlauf und die Leute schämten sich, weil es ihnen nicht gelang, ihren Hund zu bändigen. Ich denke, Sie erkennen mittlerweile schon selbst, was das Problem war. Der Vierbeiner entschied, ob er die Menschen und Hunde, denen er begegnete, mochte oder nicht, wo geschnüffelt, wo gepinkelt und wohin gegangen wurde.

KURZE UNTERBRECHUNG

Wenn Sie das Gefühl haben, dass Ihr Hund in der »Folgephase« ganz dringend sein Geschäft erledigen muss, lassen Sie ihn das kurz tun. In den meisten Fällen ist das aber nicht nötig und er kann sich noch ein wenig bis zu den Freiminuten gedulden. Wenn doch, geben Sie ihm ein paar Sekunden und rufen ihn dann gleich wieder zu sich, um den gemeinsamen Weg fortzusetzen.

Diszipliniert Gassi gehen

Ich erklärte den Leuten, wie wichtig es wäre, den Spaziergang von Anfang an zu führen und so dem Hund die Sicherheit zu geben, dass es die Menschen sind, die entscheiden. Das beginnt nicht erst vor der Tür, sondern noch, bevor man das Haus oder die Wohnung überhaupt verlässt. Denn alles was mit Aufregung beginnt, wird mit Aufregung weitergehen. Und gerade beim Aufbruch herrscht oft heilloses Durcheinander. Der Hund ist oft aufgeregt und der Mensch missversteht das als Zeichen dafür, dass er ganz dringend rausmuss. Er versucht dann, die Sache möglichst schnell voranzutreiben und schaukelt durch die eigene Hektik die unruhige Stimmung noch weiter nach oben. Vermeintlich beschwichtigende Worte wie »Wir gehen ja gleich«, nützen da nicht viel, im Gegenteil. Der Hund versteht ihren Sinn nicht, sondern registriert nur den Tonfall, der kaum von Ruhe geprägt sein und daher auch kein Gefühl der Sicherheit vermitteln wird. Ein »echter« Anführer würde nicht zulassen, dass Aufregung in seiner Gruppe herrscht, denn

Nur keine Hektik! Brechen Sie so zum Spaziergang auf, wie dieser verlaufen soll: ruhig und unaufgeregt.

GEHEIMNIS 3: FÜR AUFGABEN UND BESCHÄFTIGUNG SORGEN

Aufregung bedeutet Stress. Es ist daher wichtig, dass man erst startet, wenn der Hund sich ruhig verhält und eine unterwürfige Position eingenommen hat.
Ich zeigte das auch gleich meinen Kunden. Die erste Zeit sollte der Hund konsequent an unserer Seite bleiben, wie es beim disziplinierten Spaziergang üblich ist. Das bedeutet, kein Pinkeln, kein Schnüffeln, einfach nur folgen. Wenn der Hund Anstalten machte, wie gewohnt nach vorn zu preschen, stupste der Kunde ihn leicht an die Schulter, so wie ich es ihm vorher an ihm selbst gezeigt hatte, und signalisierte ihm, indem er ihn mit der

Ihr Hund spielt gern mit anderen Hunden? Darf er auch. Aber erst in der Pause.

»Wer dreimal täglich diszipliniert mit seinem Hund spazieren geht, tut viel für dessen Wohlbefinden, weil es die ›Rangordnung‹ klärt.«

vorgehaltenen flachen Hand sanft zurückschob, dass er in der zweiten Reihe bleiben sollte, weil vorn wir gingen: die Chefs. Wenn uns jemand entgegenkam, gingen wir zügig an ihm vorbei. Auch das ist ein klares Zeichen für einen Hund, dass man alles unter Kontrolle hat. Das Ganze war natürlich eine gute Gelegenheit, meine Kunden darauf aufmerksam zu machen, woran sie erkennen, dass ihr Hund wieder in die Rolle des »Rudelführers« fallen will: Bevor es mit der Bellerei losgeht, stellt er schon die Ohren auf und reckt den Kopf und den Schwanz nach oben. Das ist eindeutig eine dominante Haltung. Wer die Körpersprache des Hundes versteht, kann ihn in so einem Moment »korrigieren«, indem er entschlossen weiterläuft, bevor er zu bellen beginnt. Je konsequenter man das durchzieht, desto schneller akzeptiert der Hund uns in der Chefposition. Das haben auch die Hundebesitzer in diesem Beispiel rasch eingesehen. Seitdem können sie das Gassigehen wieder als das genießen, was sie sein sollen: eine Gelegenheit, um ohne Stress wertvolle Zeit miteinander zu verbringen. Zeit, in der beide Spaß haben.

Als »Chef« ist es unsere Aufgabe, mögliche Konfliktsituationen zu erkennen und rechtzeitig gegenzusteuern.

GEHEIMNIS 3: FÜR AUFGABEN UND BESCHÄFTIGUNG SORGEN

Ein ausgeglichener Hund kann überall abschalten. Er weiß, dass sein Mensch auf ihn aufpasst.

Endlich ist Schluss mit Konflikten

Mithilfe des disziplinierten Gassigehens erlangen Sie beim gemeinsamen Spaziergang recht bald die Kontrolle wieder. Der Hund ist glücklich, weil er Ihnen folgen und damit die Verantwortung an Sie abgeben darf. Dadurch entschärfen sich übrigens auch mögliche Konflikte mit anderen Hunden. Weil Ihr Vierbeiner nicht ständig die Lage checken und für Ihre Sicherheit sorgen muss, kann er Artgenossen entspannt gegenübertreten. Solange er die Führung übernehmen »muss«, ist das häufig nicht der Fall. Denn dann entscheidet der Hund selbst, wie er sich dem anderen gegenüber präsentieren möchte (ich sage an dieser Stelle nur eins: dominante Körperhaltung). Aggressives Verhalten ist dementsprechend keine Seltenheit.

Es ist noch gar nicht so lange her, da war ich mit einem meiner Hunde in einem kleinen Städtchen hier auf Mallorca unterwegs und wollte in einem Café einen Café con leche trinken. Wegen des schönen Wetters ging es ziemlich zu und es war nur noch ein Tischchen auf der Plaza frei. Ich steuerte zielstrebig darauf zu, als ich bemerkte, wie ein Mann am Nebentisch wild gestikulierend versuchte, mir zu verstehen zu geben, nicht näher zu kommen. Ich fragte, welches Problem er hätte. Er deutete unter seinen Tisch, wo ein Hund kurz davor war, völlig außer Kontrolle zu geraten. Auf keinen Fall könne ich mich neben ihn setzen, sagte der Mann, sein Hund würde nicht zulassen, dass mein Hund so nahe käme. Ich erwiderte, dass dies nun einmal der einzige Tisch weit und breit wäre und dass von meinem Hund keine Gefahr ausginge – tatsächlich stand dieser völlig gelassen neben mir und schenkte seinem Artgenossen nicht die geringste Aufmerksamkeit. Ich sagte dem Mann, wenn er sich beruhigen würde, würde auch sein Hund ruhig werden. Dann setzte ich mich unbeirrt. Tatsächlich dauerte es keine drei Minuten, bis sich Mann und Hund beruhigt hatten. Jetzt konnte ich mich vorstellen und erklären, was ich mache und dass mein Hund ein Therapiehund ist, der gelernt hat, auch in kritischen Situationen gelassen und ruhig zu bleiben. Dass nicht ich oder mein Hund der tatsächliche Grund dafür war, dass sein Vierbeiner Stress hatte, sondern die Tatsache, dass er selbst ihm nicht in ausreichendem Maße die Sicherheit vermittelte, die ein souveräner Hund braucht. Und dass der beste Beweis dafür, wie sich Ruhe und Sicherheit eines Menschen auf seinen Hund auswirkt, gerade entspannt neben ihm liegen würde. Ein paar Monate später sah ich die beiden zufällig noch einmal am Hundestrand. Der Hund spielte mit anderen Hunden. Keine Spur mehr von Nervosität und Angst beziehungsweise Aggression gegenüber Artgenossen. Ganz offensichtlich war es hier einem Menschen gelungen, sich im Umgang mit seinem Hund so zu verändern, dass dieser ihm entspannt folgen konnte und sich ruhig und souverän verhielt. Ich bin sicher, dass auch der Mann nun viel mehr Freude an und mit seinem Hund hat.

Was ich Ihnen mit dieser Geschichte einmal mehr deutlich machen will, ist, dass es unsere

Nicht jeder Hund passt im Straßencafé unter den Tisch. Aber irgendwo findet sich trotzdem immer ein Platz.

Wir sollten die Leine viel öfter als eine Verbindung zwischen Mensch und Hund betrachten, nicht als Strafe.

Aufgabe ist, unseren Hunden klarzumachen, dass sie nichts zu befürchten haben, solange sie bei uns sind. Weil wir die Verantwortung übernehmen. Dann macht es einem Hund auch nichts aus, wenn ein anderer seine Wege kreuzt oder sich wie in diesem Fall nur ein paar Meter entfernt niederlässt. Es macht ihm nichts aus, weil es nicht seine Aufgabe ist, die Situation zu kontrollieren und sein Frauchen oder Herrchen gegebenenfalls zu beschützen.

Ganz abgesehen davon, dass das auch gefährlich werden kann – und zwar nicht nur, wenn sich zwei Hunde in die Wolle kriegen. Es kann durchaus sein, dass Ihr Hund, wenn Sie beim Spaziergang nicht selbst die Kontrolle übernehmen, einfach über die Straße rennt, weil er auf der anderen Seite eine potenzielle Gefahr wittert. Und so eine Aktion kann heutzutage lebensbedrohlich sein.

Mit oder ohne Leine?

Wenn die Sprache aufs Gassigehen kommt, fällt mit 99-prozentiger Sicherheit kurz darauf auch das Wort »Leine«. Manchmal habe ich fast das Gefühl, die Leine ist unter Hundehaltern der umstrittenste Gegenstand, den man überhaupt im Tierfachhandel kaufen kann. Denn in vielen Köpfen geistert das Trugbild herum, dass nur ein Hund, der frei und unabhängig die Welt entdecken kann, ein glücklicher Hund ist. Während die armen Artgenossen an der Leine quasi ein Leben in Gefangenschaft fristen.

Dabei ist die Leine an sich auf gar keinen Fall ein Weg der Bestrafung, im Gegenteil.

Diszipliniert Gassi gehen

Genauso wenig ist ein Hund frei, bloß weil er ohne Leine läuft. In einem gut eingespielten Team ist er trotzdem »Folger im Geiste« und hält sich an die Abmachungen mit seinem Menschen. Ich erinnere an dieser Stelle noch einmal an die individuellen Regeln, die jeder Hundehalter für sich aufstellen muss (siehe Seite 52). Diese gelten natürlich auch beim Gassigehen. Wenn es keine Probleme gibt, kann das disziplinierte Gassigehen auch ohne Leine praktiziert werden. Genauso können Sie die Regeln dafür individuell gestalten. Vielleicht darf Ihr Hund drei Meter entfernt von Ihnen laufen, vielleicht darf er schnuppern, wo es besonders gut riecht … Wichtig ist nur, dass Sie (!) bestimmen, was er darf und er sich nicht selbstständig macht.

»Die Leine darf nicht wie eine Gitarrenseite gespannt sein. Sie muss immer locker bleiben.«

Die Leine ist jedoch ein äußerst hilfreiches Mittel, um eine Verbindung zwischen Hund und Hundeführer zu schaffen. Dementsprechend sollte man sie natürlich nicht dazu benutzen, den Hund zu maßregeln oder wie verrückt an ihr herumzureißen. Genauso wenig wie sie dazu da ist, sich an ihr festzuhalten und sich von seinem Hund durch die Gegend ziehen zu lassen. Wenn ein Hund schlecht an der Leine geht, ist das ein eindeutiges Signal dafür, dass der Mensch keine Führung hat.

Erst neulich habe ich wieder gesehen, wie eine Frau mit ihrem Hund an der Leine spazieren ging. Als ihnen ein anderer Hund bellend entgegenstürmte, blickte sie sich erst panisch um, als suche sie nach einem Fluchtweg. Dann ließ sie plötzlich die Leine los und entfernte sich zügig ein paar Schritte von ihrem Hund. So eine Situation ist für mich nichts Neues. Ich habe sie schon etliche Male beobachtet und dennoch bin ich jedes Mal wieder entsetzt. Dass jemand die Leine fallen lässt und sich von seinem Hund entfernt, wenn ein anderer Hund auf ihn zukommt, ist ein eindeutiges Signal dafür, dass er seinen Hund nicht unter Kontrolle hat und die Verantwortung für ihn nicht übernehmen kann. Das Erste, was man in so einem Fall lernen muss, ist, wieder die Kontrolle zu gewinnen, wieder Anführer, Chef, Verantwortlicher zu werden. Wenn man ruhig und sicher ist, hat man keine Angst mehr und die Sinne sind bereit, die Signale des Hundes zu erkennen und sich entsprechend zu verhalten. Dann kann man durch die eigene Souveränität dem Hund zeigen, dass er eine Provokation nicht annehmen muss und dass er stattdessen an Ihrer Seite ruhig weitergehen kann. Weil Sie die Situation unter Kontrolle haben. Weil er Ihnen vertrauen kann. Wer es nicht schafft, seinem Hund diese Sicherheit zu vermitteln und ihn daher nicht unter Kontrolle hat, sollte sich Hilfe holen.

Dass Sie Ihren Hund anführen können, müssen Sie ihm durch Ihre innere Einstellung und Ihr Selbstbewusstsein zeigen. Sofern Ihr

Hund das akzeptiert, wird er hinter oder maximal neben Ihnen laufen. Das heißt im Gegenzug: Sobald er nach vorn drängelt, hat schon er das Kommando übernommen. Reißen Sie ihn in so einem Fall bloß nicht an der Leine zurück, sondern geben Sie ihm stattdessen durch sanftes Anstupsen und Handvorhalten zu verstehen, dass Sie mit seinem Benehmen nicht einverstanden sind. Akzeptiert er diese Korrektur nicht auf Anhieb, bringen Sie den Hund in eine unterwürfige Position. Bleiben Sie stehen und warten Sie geduldig, bis er sich beruhigt hat und sich neben Sie setzt. Das wird wie immer am schnellsten gelingen, wenn Sie selbst ruhig und sicher bleiben und sich nicht von der Nervosität Ihres Hundes anstecken lassen. Sobald ein ausgeglichener Zustand erreicht ist, gehen Sie als sicherer Führer weiter, damit der Hund als Folger hinterherlaufen kann – ganz entspannt.

Wenn Ihr Hund Sie respektiert, können Sie die Leine locker in der Hand halten, so wie eine Frau eine Handtasche trägt. Die Leine

> *»Die Kraft ist in dir selbst, nicht in der Leine.«*

dient lediglich dazu, das Band, das zwischen Mensch und Hund besteht, auch nach außen sichtbar zu machen und den Führungsanspruch zu signalisieren: Die Leine beziehungsweise die Hand, die sie hält, zeigt die Richtung, in die es gehen soll. Stellen Sie sich doch nur einmal vor, meine sechs Doggen würden sich in die Leine legen. Gegen knapp 350 Kilogramm fast reine Muskeln käme ich nie und nimmer an. Weil ich meine Riesen aber selbstbewusst, ruhig und sicher führe, folgen sie mir trotz ihrer körperlichen Überlegenheit einwandfrei.

Übrigens kann man an der Reaktion des Hundes direkt sehen, ob man tatsächlich ruhig und sicher führt. Er läuft dann nämlich auch wirklich perfekt an der Leine. Das ist das Zeichen dafür, dass Sie es richtig machen.

DIE LEINE IST KEINE FESSEL

Viele Hundebesitzer befürchten, dass ihr Hund es ihnen übel nimmt, wenn sie ihn mitten im Spiel mit anderen Hunden zu sich rufen und anleinen. Sie sind auch der Meinung, dass die Leine dadurch für den Hund negativ belegt würde, weil sie ihn daran hindert, weiter vergnügt herumzuhüpfen. Ich finde, das ist ein wunderbares Beispiel dafür, wie sehr wir unsere Hunde unbewusst vermenschlichen. Tatsächlich ist es nämlich so, dass wir selbst mit der Leine Unfreiheit assoziieren. Wenn die Rangordnung stimmt, macht es dem Hund aber überhaupt nichts aus, neben seinem Frauchen oder Herrchen herzulaufen. Im Gegenteil, er genießt es sogar, weil es seiner Natur entspricht, seinem Chef zu folgen. Er fühlt sich geführt.

DIE LEINE BEDEUTET RUHE, NICHT AUFREGUNG

Ich will hier nicht außer Acht lassen, dass die Leine, sofern wir sie falsch einsetzen, für den Hund durchaus etwas Negatives ist. Das liegt sehr oft daran, dass wir ihn im falschen Moment an die Leine nehmen. Wenn Sie zum Beispiel zum Gassigehen aufbrechen wollen und der Hund ist aufgeregt, ist das nicht der richtige Zeitpunkt, ihn anzuleinen. Denn dann bedeutet die Leine ebenfalls nur Aufregung. Und die nimmt der Hund mit auf die Straße, wo er dann vermutlich zieht und zieht und zieht.

Wenn Ihr Hund aufgeregt und nervös ist, warten Sie auch hier ab, bis er sich beruhigt hat. Schimpfen Sie nicht mit ihm und werden Sie keinesfalls selbst ungeduldig, das schürt den Konflikt nur zusätzlich. Wenn Ihr Hund sich neben Sie setzt, sich hinlegt, gähnt, zur Seite schaut, die Ohren anlegt, nach hinten geht oder sich auf den Rücken legt, sind das eindeutige Zeichen dafür, dass er ruhig und unterwürfig geworden ist. Nun können Sie ihn an die Leine nehmen. Sollte er wieder nervös werden, warten Sie erneut, bis er ruhig ist. Erst dann verlassen Sie das Haus. Wiederholen Sie das ruhig mehrmals täglich, auch wenn Sie draußen nur ein paar Meter miteinander laufen. Nehmen Sie sich Zeit und verlieren Sie nicht die Geduld. Gerade wenn sich Fehler schon vor längerer Zeit eingeschlichen haben und falsches Verhalten zur Gewohnheit geworden ist, dauert es manchmal, alles wieder glattzubügeln.

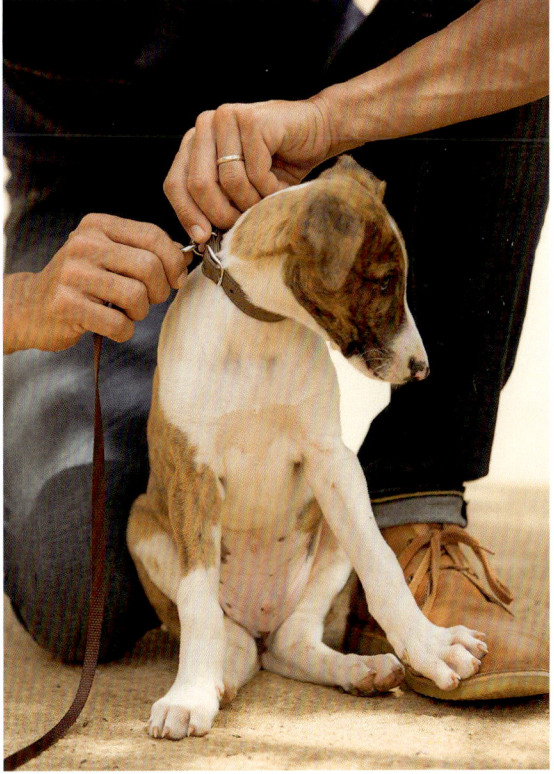

Am besten bringen Sie schon dem Welpen bei, dass die Leine etwas ganz Normales ist. Dann regt sie ihn nicht auf.

DAS BESTE ZUM SCHLUSS

Der beste Zeitpunkt zum Füttern? Ganz klar: nach dem Gassigehen!
Denn nach getaner Arbeit braucht der Hund eine Belohnung.

In der freien Wildbahn schließen sich die Folger dem Führer an, damit sie alle genug zu fressen bekommen. Es entspricht also der Natur Ihres Hundes, wenn Sie ihn nach dem Spazierengehen füttern. Für Ihren Hund ist das Füttern sogar der eigentliche Höhepunkt des Ganzen. Danach kann er seiner Natur gemäß ausruhen und schlafen.

Das Füttern selbst ist übrigens auch wieder eine tolle Gelegenheit, dem Hund klarzumachen, dass Sie der Chef sind. Allerdings gelingt das nur, wenn Sie dabei ein paar grundsätzliche Dinge berücksichtigen. Das Wichtigste davon: Warten Sie ab, bis der Hund ruhig und unterwürfig ist. Wenn er aufgeregt und dominant ist, würden Sie mit dem Futter genau dieses Verhalten belohnen. Bringen Sie den Hund daher zunächst in eine untergeordnete, ruhige Position, indem Sie ihn zum Beispiel Sitz machen lassen oder ihn auf seinen Platz schicken. Wenn er sich ruhig verhält, können Sie den Napf vorbereiten. Genauso kontrolliert geht es weiter, damit der Hund merkt, dass Sie wie der Anführer im natürlichen Hunderudel Herr über das Essen sind, oder anders ausgedrückt, dass das Futter Ihnen gehört. Das bedeutet, er darf nur ans Futter, wenn er ruhig ist und es nicht (mehr) fixiert. Bevor er nicht vom Futter wegschaut, also zu Ihnen oder irgendwo anders hinblickt, gibt es kein Fressen. Erst wenn er das macht, können Sie ihm zum Beispiel mit einem Handzeichen den Zugang zum Futternapf gewähren.

Weil man vieles leichter versteht, wenn man es sieht, führe ich meinen Kunden ab und zu einfach vor, wie ich selbst meine Doggen füttere. Hätte ich dabei nicht von Anfang an bestimmte Regeln eingehalten, gäbe es ein heilloses Durcheinander und sicher auch die ein oder andere Rauferei. Ohne Ruhe und Sicherheit könnte ich dann auch keine Reha-Hunde in meinem Rudel integrieren.

Zuerst bekommt der Ranghöchste seinen Napf. Ich warte damit jedoch auch bei ihm so lange, bis er mir eindeutig signalisiert, dass er unterwürfig ist. Er setzt sich hin, legt die Ohren nach hinten ... – Sie wissen schon. Wenn er schließlich auch noch den Blick vom Fressen wendet und mich ansieht, stelle ich den Napf ab. Er muss aber noch immer warten, bis ich mit einer kleinen Handgeste das Futter freigebe. Erst jetzt darf er fressen. Alle anderen Hunde stehen währenddessen übrigens geduldig um uns herum. Sie wedeln mit dem Schwanz, aber keiner ist aufgeregt, drängelt

oder würde gar versuchen, das Futter des anderen anzurühren. Jeder wartet, bis er an der Reihe ist. Und bei jedem Hund gehe ich genauso vor. Das ist auch wichtig für einen Reha-Hund.

Natürlich ist das das Ideal, die Realität sieht leider oft ganz anders aus. Und so werde ich sehr oft um Hilfe gebeten, weil ein Hund beim Füttern knurrt oder sogar zuschnappt. Das ist natürlich absolut nicht tolerierbar. Denn im schlimmsten Fall könnte er auch einmal ein Kind beißen, das sich seinem Napf nähert. Und sogar wenn er ein Kind auf der Straße trifft, das etwas zu essen in der Hand hält, könnte er aggressiv werden. Denn so ein Hund respektiert nicht, dass er nicht über das Futter verfügt.

Ist es so weit gekommen, dass ein Hund seinen Napf vehement verteidigt, schlage ich folgende Vorgehensweise vor: Füttern Sie den Hund nur nach dem disziplinierten (!) Spazierengehen. Zum einen haben Sie ihn dadurch schon gut in die Rolle des Folgers gebracht und die Chancen stehen gut, dass er die Hierarchie in Ihrem Team respektiert. Zum anderen kommt es seinem natürlichen Instinkt entgegen, wenn es nach der Bewegungsphase etwas zu fressen gibt. Neben den allgemeinen Fütter-Regeln empfehle ich außerdem, den Napf bei der »Übergabe« ein bisschen länger hochzuhalten, damit der Hund noch deutlicher merkt, dass er Ihnen gehört. Behalten Sie auch beim Füttern den Napf in den Händen. Machen Sie zwischendurch kleine Pausen, in denen Sie ihn wegstellen und dann wieder anbieten. Regt sich der Hund auf, warten Sie ab, bis er sich wieder beruhigt hat. Erst dann darf er weiter-

Immer schön der Reihe nach. Bei mir drängelt keiner vor, weil alle wissen, dass das Futter mir gehört.

Das Beste zum Schluss

Futterneid? Fehlanzeige. So gesittet kann es in einem Rudel zugehen. Von den Geräuschen mal abgesehen.

fressen. Auf diese Weise machen Sie auf eine für Hunde verständliche Art deutlich: »Das Futter ist mein Besitz.«

Wenn dem Hund klar ist, dass ihm das Futter nicht gehört, können Sie dann den Napf wieder an den gewohnten Platz stellen. Dafür teilen Sie die Futterration in zwei Teile. Ist die erste Portion vertilgt, nehmen Sie den Napf in aller Ruhe an sich und füllen die zweite ein. Ihr Hund sollte inzwischen gelernt haben, dass Ihre Hand keine Konkurrenz hinsichtlich des Futters darstellt.

FRISCHES WASSER ALS BELOHNUNG

Wenn Sie mehrmals am Tag mit Ihrem Hund spazieren gehen, was ich natürlich hoffe, werden Sie den Hund vielleicht nicht jedes Mal danach füttern. Geben Sie ihm dann einfach eine Schüssel frisches Wasser, genauso wie Sie ihm den Futternapf geben würden. Auch dadurch merkt der Hund: Alles Gute kommt von Ihnen.

HUNDE HABEN IHRE UREIGENEN BEDÜRFNISSE

Nicht nur Elefanten, Gorillas oder Löwen im Zoo brauchen eine artgerechte Haltung. Auch der Hund ist ein Tier und will so leben, wie es seiner Natur entspricht.

Freiheit ist immer auch die Freiheit des anderen, weiß Peter Maffay. Aber Hunde brauchen auch klare Regeln, damit das Miteinander klappt.

Sie hatten auf Mallorca einen echten »Problemhund«. Gab es denn mit Ihren anderen Hunden vorher nie irgendwelche Schwierigkeiten?

Peter Maffay: Ich hatte in meinem Leben sicher schon 30 Hunde und natürlich gab es immer wieder einmal Probleme. Aber die ließen sich auch immer lösen. Ich habe noch nie einen meiner Hunde weggegeben. Den Hund aufgeben, das gibt es nicht. Man muss es hinkriegen. Das ist eine meiner ungeschriebenen Regeln. Und bei Llamp hat es schließlich auch geklappt.

Was hat José dazu beigetragen?

Peter Maffay: Einer von Josés Ratschlägen war, auf den Hund einzugehen. Llamp ist ein Border Collie. Also empfahl uns José, auf die spezifischen Bedürfnisse eines Border Collies einzugehen. Diese Hunde wollen zum Beispiel sehr viel laufen. Wenn sie laufen, kommt das ihrer Natur nahe und ihre angeborenen Triebe werden befriedigt. Sie sind dann ausgeglichener und ruhiger. Wenn man das natürliche Verlangen dagegen außer Acht lässt, kommt das einer Gefängnisstrafe gleich.
Ich hatte früher schon einmal zwei Border Collies und dachte in diesem Moment, als José sich mit uns unterhielt: Genau, das ist es! Llamps Name sagt ja eigentlich schon alles über sein Temperament. Er bedeutet auf mallorquinisch »Blitz«. Llamp hat ein hohes Energielevel und muss viel beschäftigt werden. Wir gehen zum Beispiel lange spazieren. Seit wir Josés Tipps berücksichtigen, ist Llamp viel ausgeglichener. Er ist immer noch wach, aufmerksam und steckt voller Power. Aber er ist ein absolut lieber Hund.

Ihre Hunde können sich den ganzen Tag frei auf der Finca bewegen und Sie gehen trotzdem mit ihnen spazieren?

Peter Maffay: Ja, und zwar mit der ganzen Meute. Nur die kranken dürfen nicht mitlaufen, weil sie in dem Moment ihr Handicap vergessen und sich überfordern würden. Nachdem wir unsere Runde gedreht haben, bekommen die Hunde etwas zu fressen und dann legen sie sich hin und sind ruhig. Sie haben gearbeitet und sind nun ausgeglichen. Seit ich José kenne, weiß ich außerdem, dass sie in dieser Verfassung am besten lernen. Wenn ich also etwas mit den Hunden üben will, mache ich es dann.

Nehmen Sie die Hunde beim Spazierengehen an die Leine?

Peter Maffay: Nein, wir bleiben auf dem Gelände und die Hunde laufen ohne Leine. Aber ich habe sie immer unter Kontrolle. Es herrscht eine Abmachung zwischen uns. Sie dürfen einen gewissen Freiraum genießen, aber sich nicht aus dem Staub machen. Das wissen die Hunde und halten sich daran. Wenn sie wollten, könnten sie jeden Zaun überwinden. Es gibt immer irgendwo eine offene Stelle, sie könnten sich unter dem Zaun durchbuddeln oder darüberspringen. Hunde sind ja nicht dumm. Wenn sie abhauen wollten, ginge das. Aber sie bleiben trotzdem bei mir. Nur Llamp ist anfangs öfter weggelaufen. Zum Glück ist er aber immer wieder zurückgekommen.

Das ist übrigens ein sehr wichtiger Punkt: Wie verhalte ich mich dann? Auch wenn der Hund erst nach einem Tag zurückkommt und ich vor Wut koche, muss ich mich zusammenreißen und ihn loben. Er würde schließlich nicht verstehen, wofür ich ihn bestrafe. Sie dürfen nicht erwarten, dass ein Hund irgendeine Vorstellung von Zeit hat. Was für ihn zählt, ist, dass er zu Ihnen zurückgekommen ist. Und das ist etwas Gutes. Ihn zu strafen, wäre daher verkehrt. Er muss erkennen, dass es sich nicht lohnt, auszubüxen. Das ist zum Beispiel noch etwas, das man von José lernen kann: Die Reaktion muss stimmen.

Jeder Hund hat seinen Charakter. Der eine tobt viel, der andere schmust lieber. Das sollten wir respektieren.

GEHEIMNIS 4:
RUHE
SCHENKEN

Warum Action nicht alles ist und wie es gelingt, dem Hund Ruhe zu geben, damit er selbst ruhig wird.

EIN NATÜRLICHER RHYTHMUS

Im Hunderudel wechseln sich aktive Phasen mit Ruhephasen ab. Der Tag ist klar strukturiert und die Tiere leben nach einem gesunden Biorhythmus.

In einem reinen Hunderudel ist der Rudelführer verantwortlich für Ruhe und Sicherheit unter »seinen« Hunden. Denn nur wenn in der Gruppe Stabilität und Balance herrschen, kann sie funktionieren. Die ruhige Energie, die der Chef ausstrahlt, ist also das Geheimnis für das gute, harmonische Zusammenleben. Aufgrund des sicheren, souveränen Auftretens ihres Anführers können die anderen die Verantwortung an ihn abgeben, sich ihm anvertrauen und sich um die Dinge kümmern, die sie gut können, wie zum Beispiel den Nachwuchs zu betreuen oder neue Nahrungsquellen aufzutun.

Der Rudelführer wiederum fühlt sich durch das entspannte Verhalten der anderen in seiner Position bestätigt und das stärkt seine Sicherheit und er kann dadurch die Ruhe geben, die das Rudel braucht.

Die eigene innere Ruhe des Leittiers erzeugt um es herum eine Atmosphäre von Ruhe, in der sich alle wohlfühlen. Mit Ruhe meine ich hier nicht das Fehlen beziehungsweise Nichtvorhandensein akustischer Geräusche. In der Natur ist es so gut wie nie ganz ruhig. Egal, ob Sie nur in Ihrer Wohnung ein Fenster öffnen, auf den Balkon oder in den Garten hinaustreten oder im Wald spazieren gehen: Es wird immer irgendwo rascheln oder knacken, Vögel werden singen, Insekten umherschwirren, Menschen miteinander reden, Kinder lachen … Alles um uns herum lebt und macht in irgendeiner Form Geräusche, auch wenn diese nichts mit dem unangenehmen Lärm an einer mehrspurigen Straße zu tun haben.

Die Ruhe, von der ich spreche, ist vielmehr ein innerer Zustand, etwas das tief aus den Tieren selbst kommt. Wenn sie zur Ruhe kommen, fällt jegliche Anspannung von ihnen ab. Ängste und Unsicherheiten lösen sich in Luft auf, sie fühlen sich unbeschwert, sind sorglos und frei. Ruhe ist das Fehlen jeglicher Unsicherheit. Sie ist ein Synonym für totale Entspanntheit. Bei wild lebenden Hunden ist dieser Zustand der Ruhe erreicht, wenn die Tiere erfolgreich Futter gesucht haben und sich das ganze Rudel satt gefressen hat. Jeder Tag wird somit strukturiert von einem immer wiederkehrenden, gesunden Rhythmus: Morgens und abends sind die Tiere aktiv, weil sie Futter suchen. Dazwischen herrscht Ruhe. Man hat gearbeitet und gefressen. Nun ist Zeit, um miteinander zu spielen und zu schlafen. Zeit sich zu entspannen und sich zu erholen.

GEHEIMNIS 4: RUHE SCHENKEN

Warum Ruhe so wichtig ist

Momente der Ruhe sind für den Zusammenhalt der Gruppe genauso wichtig wie die gemeinsame Futtersuche. Nur wenn sich jedes einzelne Tier in ausreichendem Maße erholen kann, hat jeder genug Kraft, seine Aufgaben zu erfüllen. Wer sich dagegen zwischendurch nicht entspannt, kann bei der »Arbeit« nicht sein Bestes geben. Das würde die Funktionalität des Rudels stark beeinträchtigen und die Harmonie unter den Tieren nachhaltig stören. In den ruhigen Phasen des Tages fühlt sich jeder gut behandelt, jeder hat seine Aufgaben erfüllt und kann sich nun entspannen. Das stärkt die Bindung und ist deshalb genauso wichtig wie ausreichend Futter – sogar noch wichtiger.

Nicht zuletzt dienen die Ruhe- und Schlafphasen auch dazu, dass Gelerntes sich verfestigt. Das Gehirn braucht Zeit, Erfahrungen zu verarbeiten – da geht es Hunden nicht viel anders als uns selbst. Das bedeutet übrigens nicht, dass die Tiere wirklich fest schlafen. Die Tiefschlafphasen machen gerade einmal um die 20 Prozent aus. Die meiste Zeit döst ein Hund vor sich hin. Sobald er etwas Ungewohntes hört oder wittert, ist er blitzschnell wieder hellwach. Das ist natürlich anstrengend und mit ein Grund dafür, dass Hunde so viel Ruhe brauchen.

Man hat auch schon untersucht, wie sich chronischer Schlafentzug auf Hunde auswirkt. Was man dabei herausfand, wundert mich nicht: Haben die Tiere keine Möglichkeit, sich in ausreichendem Maß auszuruhen, steigt der Stresslevel schnell und stark an. Sie sind aufgekratzt und unkonzentriert, werden nervös und reizbar und können schließlich sogar chronisch krank werden und sterben. Stress schwächt den Körper. Das ist bei uns selbst doch genauso.

In der Ruhephase ist auch Zeit, miteinander zu spielen. Dabei lernen gerade die jungen Tiere alles über das richtige Verhalten in der Gruppe. Sie erlernen die Körpersprache und üben in ersten Beiß-, Jagd- und Bewegungsspielen, mit den anderen Rudelmitgliedern

> »Es gehört auch zu den Aufgaben des Rudelführers, für eine Atmosphäre zu sorgen, in der die anderen sich entspannen können.«

zu kommunizieren. All das sind wichtige Fähigkeiten, die auch dem Fortbestand des Rudels dienen. Die »Halbstarken« führen unterdessen immer wieder einmal kleinere Machtkämpfe aus, um ihre Position zu testen. Aber auch dies ist eine Form der Kommunikation und nur dann möglich, wenn die Atmosphäre rundum entspannt ist.

Ein guter Rudelführer sorgt daher immer dafür, dass sich sein Rudel zwischen der gemeinsamen Suche nach Fressen genug ausruhen kann. Denn das Gegenteil von Entspannung ist Aufregung – und die wäre für das Rudel einfach nicht gut.

Ein natürlicher Rhythmus

Laufen tut gut. Genauso wichtig ist aber auch, dass man nachher ausruhen kann.

HUNDE MÜSSEN AUSRUHEN

Natürlich ist es wichtig, spazieren zu gehen und den Hund artgerecht zu beschäftigen. Doch durch zu wenige Auszeiten können auch Probleme auftreten.

Hunde, die mit Menschen leben, brauchen nicht weniger Ruhephasen als »wilde« Tiere. Denn Empfindungen wie Stress oder Anspannung sind genau das Gegenteil von einem Gefühl der Sicherheit, die der Hund braucht, um in die Folger-Position zu kommen, in der er sich wohlfühlt. Es geht ihm also einfach nicht gut, wenn er nicht genug Ruhe finden kann. Und ausruhen kann sich ein Hund nur, wenn man ihm auch die Gelegenheit gibt, zur Ruhe zu kommen.

Nicht nur Welpen brauchen Auszeiten, auch wenn die Kleinen sicher noch am meisten schlafen müssen (rund 22 Stunden am Tag), um alle Eindrücke zu verarbeiten. Aber auch ausgewachsene Hunde haben ein enormes Ruhebedürfnis und verschlafen, wenn man sie lässt, über den Tag verteilt gut und gerne 16 bis 20 Stunden.

Allerdings ist es für unsere Vierbeiner oft sehr viel schwieriger, einen Tagesrhythmus zu finden, der es ihnen erlaubt, sich in ausreichendem Maße zurückzuziehen. Das liegt auch daran, dass viele Hundehalter einfach unterschätzen, wie viel Schlaf ein Hund braucht. Sie denken stattdessen nicht selten, dass sie ihn eigentlich noch viel mehr beschäftigen müssten, als sie es ohnehin schon tun. Dabei bringt zu viel Aktivität einen Hund recht schnell in einen Zustand der Erregtheit. Er ist dann überdreht, angespannt, nervös und gestresst, was auch in eine dominante Haltung umschlagen kann. Vor allem wenn ein Hund von Haus aus nicht ruhig und ausgeglichen ist, wird das Problem dadurch noch verschärft.

Wenn ich zum Beispiel auf einer Hundewiese bin, entdecke ich immer irgendjemanden, der mit seinem Hund Ball spielt. Ballspielen ist herrlich. Aber man muss es richtig machen. Viele Menschen werfen Bälle, weil sie glauben, dass es ihren Hund glücklich macht und er danach richtig müde ist. Dabei regen sie den Hund nur unnötig auf, wenn sie ihn dem Ball hinterherjagen lassen. Es beginnt schon damit, wie man ihn auf den Ball fixiert: Da wird gequietscht (»Schau, der Ball!«), man fuchtelt mit dem Ball vor der Hundenase herum oder tut so, als würde man ihn werfen. Diese ganze Aufregung überträgt sich im Handumdrehen auf den Hund, wodurch sein Jagdinstinkt geweckt wird, den der Mensch eigentlich doch kontrollieren sollte. Ganz unabhängig davon, dass es sich hier nur um einen Ball handelt, nicht um potenzielle Nahrungsbeute.

GEHEIMNIS 4: RUHE SCHENKEN

> »Wer mit seinem Hund spielen will, muss mit Haut und Haar präsent sein und sich nicht ablenken lassen.«

Wenn der Hund mit dem Ball zurückkommt, steigt die Aufregung noch weiter, weil man erneut wirft und wieder wirft und wieder … Wenn man schließlich irgendwann damit aufhört, ist der Hund immer noch geladen. Er ist zwar eventuell körperlich müde, aber nicht müde im Kopf.

Ballspielen geht anders, wenn es den Hund wirklich beschäftigen und zugleich die Bindung stärken soll. So würde ich es machen: Ich lasse den Hund sich setzen oder ablegen. Dann zeige ich ihm ruhig den Ball und lege ihn vor mich auf den Boden. Der Hund muss währenddessen ruhig sitzen oder liegen bleiben. Das Signal lautet: Der Ball gehört dem Chef, also mir. Versucht der Hund aufzustehen und/oder den Ball zu nehmen, stupse ich ihn leicht zurück und nutze die Hand als Stopp-Signal – so lange, bis er irgendwann ruhig in einer unterwürfigen Position bleibt.

Erst in diesem Moment respektiert er, dass es nicht sein Ball ist. Jetzt kann ich den Ball werfen und dem Hund ein Zeichen geben, dass er ihn sich holen darf. Wenn der Hund zurückkommt, kämpfe ich nicht mit ihm um den Ball. Ich halte den Ball, bis der Hund sein Maul öffnet oder öffne selbst sein Maul. Will der Hund den Ball nicht bringen, warte ich, bis er ihn irgendwo liegen lässt. Dann nehme ich ihn auf, zeige ihn dem Hund und setze ihm wie zuvor deutliche Grenzen, wenn er danach schnappen will. Dadurch wird er verstehen, dass der Ball mir gehört. Sicher, das Ganze ist aufwendiger, als einfach den Ball zu werfen. Aber wer mit seinem Hund Ball spielen will, muss sich dabei auf sein Tier konzentrieren und kann nicht gleichzeitig fernsehen oder sich im Park mit anderen Hundebesitzern unterhalten. Auch wer nur mit seinem Hund Ball spielt, weil er selbst zu müde zum Laufen ist oder ein schlechtes Gewissen hat, dass er zu wenig mit seinem Hund unternimmt, sollte es lieber bleiben lassen. Spielen mit dem Hund muss für beide Seiten schön sein. Künstlich herbeigeführte Aufregung, wie sie durch falsches Ballspiel erzeugt wird, tut keinem gut – weder Ihrem Hund noch Ihnen selbst.

WILL DER NUR SPIELEN?

Wenn ein Hund zu Hause mit dem Ball im Maul ankommt und uns zum Spielen auffordert, ist das oft ein Zeichen dafür, dass er sich gerade unsicher fühlt und die Rangfolge aus dem Gleichgewicht zu geraten droht. Weil er das Spiel bestimmt, fühlt er sich wie der Chef. Darauf sollte man sich nicht einlassen. Die Kontrolle über das gemeinsame Spiel sollte immer in unseren Händen liegen.

Noch nicht! Mit einem Handzeichen, können Sie dem Hund signalisieren, wann Sie den Ball »freigeben«.

Die Grundlage von Ruhe ist Sicherheit

Die wichtigste Voraussetzung dafür, dass Ihr Hund zur Ruhe kommen kann, ist, dass Sie ihm ein sicherer, ruhiger Boss und Anführer sind. Nur wenn er weiß, dass Sie die volle Verantwortung für die Dinge übernehmen, die rund um ihn herum passieren, kann er überhaupt abschalten. Wenn er dagegen spürt, dass Sie nicht in allem, was Sie tun, sicher sind, fühlt er sich nicht genug aufgehoben. Er wird dann instinktiv seinen Genen folgen und selbst dafür zu sorgen versuchen, dass in seinem Umfeld alles nach Plan läuft. Was das bedeutet, ist Ihnen mittlerweile sicher klar: Ihr Hund wird versuchen, selbst die Rolle des Anführers zu übernehmen und sich entsprechend dominant verhalten. Er muss an der Leine ziehen, sein Futter vertei-

GEHEIMNIS 4: RUHE SCHENKEN

Bei ausgeglichenen Hunden wechseln sich aktive und ruhige Phasen ab – letztere überwiegen.

digen, andere Hunde ankläffen, die Einrichtung demolieren … Es gibt unzählige Signale dafür, dass Hund und Mensch die Position getauscht haben. Der Grund dafür ist jedoch immer derselbe: Die Instabilität in der Beziehung bringt ihn aus dem Gleichgewicht. Und mit der Balance geht schnell auch der gesunde natürliche Ruherhythmus verloren. Der Hund kommt sogar in einen regelrechten Teufelskreis: Weil sich der »Rudelführer« am wenigsten ausruht – schließlich muss er dafür sorgen, dass die anderen ungestört ruhen können –, gerät die Balance immer mehr in eine Schieflage. Wenn der Hund also »meint«, als Boss die Verantwortung für die anderen Familienmitglieder übernehmen zu müssen, schrumpfen die Phasen, in denen auch er sich einmal entspannen kann, auf ein Minimum zurück. Bis die Situation irgendwann eskaliert.

Daher ist es so wichtig, dass Sie die Führung, die Verantwortung übernehmen, dass Sie ein ruhiger und sicherer Chef werden. Angst

»Nur wenn Ihr Hund weiß, dass Sie die Veratwortung übernehmen, kann er überhaupt zur Ruhe kommen.«

und Unsicherheit sind nämlich das absolute Gegenteil von Entspannung und Ruhe. Nur Folger, die sich in Sicherheit wissen, weil ein anderer die Verantwortung für sie trägt, können sich entspannen. Denn ihr Chef sorgt für Ruhe, nicht sie selbst.

Für diese Hunde ist es ganz nebenbei kein Problem, allein zu Hause zu bleiben. Sie nutzen die Zeit, in der ihr Frauchen oder Herrchen unterwegs ist, ganz einfach, um sich ausgiebig auszuruhen. Was sollen sie sich auch aufregen? Ihr Mensch wird schon wissen, was richtig ist – und das heißt auch, dass es richtig ist, wenn er ohne sie die Wohnung oder das Haus verlässt.

WILDE TRÄUME

Wenn meine eigenen Hunde schlafen, sieht man auf einen Blick, dass sie absolut tiefenentspannt sind. Alles, was ich von ihnen mitbekomme, ist hin und wieder ein tiefes Schnarchen. Viele Kunden berichten mir dagegen, dass ihre Hunde wild zu träumen scheinen. Sie zucken im Schlaf mit den Beinen, sie jaulen und quietschen, ihre Ohren zittern … Ich bin fest davon überzeugt, dass derartige wilde »Träume« ein Zeichen dafür sind, unter welchem Stress diese Hunde stehen. Man weiß heute, dass Hunde im Schlaf verschiedene Schlafphasen durchlaufen, so wie wir Menschen auch. Daher vermuten Wissenschaftler, dass ihr Gehirn wie das unsere beim Träumen die Erlebnisse des Tages verarbeitet und sortiert. Hunde, die ihrem Menschen nicht einfach folgen dürfen, scheinen mir häufig selbst im Schlaf nicht abschalten zu können. Ihre »Chef-Pflichten« verfolgen sie bis in ihre Träume.

JETZT IST ABER MAL RUHE!

Wenn ein Hund keine Möglichkeit hat abzuschalten und auszuruhen, wird sein Leben in kurzer Zeit von Stress und Unruhe geprägt. Die Beziehung gerät dann schnell in eine Schieflage und der Hund beginnt, Probleme zu machen.

Die Fähigkeit, Ruhe und Sicherheit in sich selbst zu spüren und sie nach außen auszustrahlen, schlummert in jedem von uns. Sie muss nur manchmal erst entdeckt und befreit werden. Wenn Sie die »Kunst« beherrschen, haben Sie den Grundstock für einen ausgeglichenen Hund und eine harmonische Beziehung gelegt. Wie ich schon erwähnt habe, nützt es nämlich nichts, sich nur vorzustellen, man wäre ruhig und sicher. Hunde verfügen über ein Gespür, mit dessen Hilfe sie uns in so einem Fall ganz schnell als Blender entlarven. Sie lassen sich nicht von Äußerlichkeiten täuschen und akzeptieren Sie nicht als souveränen Chef.

Sie können Ihrem Hund auch helfen, zur Ruhe zu finden, indem Sie sich seine ureigenen Instinkte zunutze machen. Wenn Sie mit dem Hund auf die von mir vorgeschlagene Art spazieren gehen (siehe ab Seite 97) und ihn anschließend füttern, kommt er ganz von allein in einen natürlichen Modus. Er wird ruhig, weil sein genetisches Programm im Hirn ihm sagt: Ich habe gearbeitet, ich habe gefressen, jetzt kann ich mich ausruhen. Ein unsicherer Hund, der meint, er wäre der Boss, kann dagegen beim Spaziergang nicht entspannen und findet auch anschließend keine Ruhe. Während sein Mensch erledigt vom Gassigehen nach Hause kommt, ist der Hund immer noch auf 180. Und er bellt nicht selten, wenn man dann in die Arbeit gehen muss und er allein bleiben soll.

Sie können Ihrem Hund außerdem dabei helfen, zu Hause zur Ruhe zu kommen, indem Sie ihm einen festen Platz anbieten, auf den er sich zurückziehen kann. Ob Sie dazu eine Hunde- oder Babymatratze anschaffen, ein Körbchen aufstellen, ein großes Kissen auf den Boden legen, eine alte Wolldecke zusammenfalten oder ein Plätzchen auf dem Sofa freimachen, bleibt Ihnen überlassen. Ihr Hund sollte wissen, dass er dort einen Rückzugsort findet, wenn er seine Ruhe haben und nicht gestreichelt werden oder spielen will, wenn er unsicher oder gestresst ist. Genauso wichtig ist, dass alle Familienmitglieder dies respektieren (auch die Kinder) und den Hund nicht aufregen, wenn er auf seinem Platz liegt. Jeder Hund sollte so einen Platz in der Wohnung haben. Einen Ort der Ruhe und Sicherheit! Er ist für sein seelisches Wohlbefinden und seine Ausgeglichenheit enorm wichtig.

Zeit zum Lernen

Die innere Ruhe nach dem Spaziergang und Füttern können Sie nutzen, um mit Ihrem Hund zu arbeiten und zum Beispiel das Alleinsein oder das Autofahren zu üben – oder auch ein ganz persönliches Problem anzugehen, das Sie mit Ihrem Vierbeiner haben. Weil er in diesem Augenblick seine natürliche Position gefunden hat, werden sich bald Erfolge einstellen. Denn die innere Sicherheit des Hundes ist die Voraussetzung dafür, dass er aufgeschlossen genug ist, um wirklich lernen zu können.

ALLEINSEIN ÜBEN

Ich wurde zum Beispiel schon viele Male um Hilfe gebeten, weil ein Hund nicht allein zu Hause bleiben wollte. Einmal rief mich eine Frau an. Ihre beiden jungen Hunde sollten vormittags vier Stunden allein zu Hause bleiben, während sie in der Arbeit war. Doch die beiden jaulten und weinten die ganze Zeit ohne Ende. Damit sie sich nicht so eingesperrt vorkamen, entschied sich die Besitzerin, die Balkontür in ihrer Abwesenheit offen zu lassen. Mit dem Ergebnis, dass die zwei jetzt nicht nur jaulten, sondern auch jeden Hund anbellten, der unten auf der Straße vorbeilief. Bald hagelten die ersten Beschwerden aus der Nachbarschaft.

Die Situation wurde irgendwann unerträglich: Die Frau hatte ein unglaublich schlechtes Gewissen, weil sie ihre »Babys« allein zu Hause ließ. Gleichzeitig schimpfte sie sie immer, weil die Nachbarn Druck machten. Sie zog sogar schon in Erwägung, den Job zu kündigen und eine Stelle zu suchen, bei der sie die Hunde mit ins Büro nehmen könnte. Das Erste was ich tat, war, der Frau ihre Schuldgefühle zu nehmen. Man muss kein schlechtes Gewissen haben, wenn man den Hund ein paar Stunden am Tag allein lässt.

LEBEN NACH DEM BIORHYTHMUS

Ein eher dominanter Hund wird allein schon dadurch ruhiger, wenn der Mensch die Führung, die Verantwortung übernimmt. Man schafft dadurch innerhalb der Beziehung eine natürliche Struktur, in der der Hund sich wohlfühlt. Wenn man darüber hinaus darauf achtet, den Tag so zu strukturieren, dass es dem natürlichen Rhythmus eines Hundes entspricht, ist sehr viel gewonnen. Dazu können dann bei sehr lebhaften Hunden zusätzliche Beschäftigungsangebote kommen, wie Hundesport, Radfahren oder Schwimmen. Das macht Spaß und kann dem Hund durchaus auch guttun. Allerdings sagen solche Beschäftigungsprogramme nicht immer etwas über das Verhältnis aus, das Mensch und Hund miteinander haben. Agility und Co können das disziplinierte Spazierengehen (siehe ab Seite 97) daher immer nur ergänzen, aber nie ersetzen; es ist die Basis für eine harmonische Beziehung.

Warten aufs Herrchen: Die Zeit bis zu dessen Rückkehr sollte ein Hund ruhig abwarten können.

Wenn ein Hund bellt, heult oder Dinge kaputt macht, sobald man das Haus verlässt, ist das ein Zeichen, dass er die Verantwortung im Team übernommen hat, gleichzeitig den Aufgaben eines Anführers aber nicht gewachsen ist. Er macht das ganze Theater nämlich nicht, weil er sich einsam und verloren fühlt. Er hat vielmehr (noch) nicht verstanden, wer in der Familie das Sagen hat. Weil er den Menschen nicht als Anführer »identifizieren« kann, was passiert, wenn dieser sich nicht wie so ein Anführer verhält, begreift er nicht, warum ein Wesen, das einen unteren Rang belegt, ihn verlässt. Als »Familienoberhaupt« ist er es nicht gewohnt, dass die anderen einfach ohne ihn weggehen und er nicht mehr auf sie aufpassen kann, wie es seine Aufgabe wäre. Und das verunsichert ihn.

Wenn der Hund seine Position als Folger einnehmen kann, ist es für ihn genauso normal, allein zu sein, wie gut an der Leine zu laufen. Er akzeptiert dann, wenn der Chef bestimmt, dass er weggeht. Meine erste Aufgabe an die neue Kundin lautete also, sich in die »Chefetage« vorzuarbeiten. Sie musste lernen,

GEHEIMNIS 4: RUHE SCHENKEN

Wenn Ihr Hund akzeptiert, dass Sie manchmal ohne ihn weggehen, fühlt er sich auch allein pudelwohl.

ihren Hunden gegenüber immer ruhig und sicher aufzutreten. Ich empfahl ihr alle Strategien, die ich Ihnen auch ans Herz lege:
- den Hunden zu jeder Zeit des Tages zu signalisieren, dass man der Anführer ist und die Verantwortung trägt,
- lernen, die natürlichen Instinkte der Hunde zu verstehen und die eigenen Instinkte, das eigene Bauchgefühl, wiederzuentdecken,
- die Hunde artgerecht zu beschäftigen, vor allem durch diszipliniertes Gassigehen,
- im Ausgleich aber auch für genug Ruhephasen zu sorgen,
- so mit den Hunden zu kommunizieren, dass sie verstehen, was man von ihnen will.

Natürlich musste die Frau auch mit den Hunden üben, allein zu bleiben. Am Anfang ein paar Minuten, dann langsam immer länger. Ich schlug folgende Strategie vor: Sie sollte zuerst einmal mit den Hunden spazieren gehen und sie füttern, wenn sie nach Hause kamen. Wenn sie dies auf die Art und Weise tut, die ich ab Seite 97 beschreibe, gelangen die Hunde ganz von allein in eine unterwürfige Position. Ihr natürlicher Instinkt sagt ihnen dann, dass nun Zeit für eine

> »Allein bleiben können ist natürlich auch eine Übungssache. Sie müssen Ihren Hund in kleinen Schritten daran gewöhnen.«

Ruhepause ist und sie schalten von ganz allein ein paar Gänge herunter. Diesen »Entspannungsmodus« sollte die Frau für ihre Zwecke nutzen und die Hunde auf ihren Platz schicken. Den verbinden sie ebenfalls mit Ruhe. Wenn man selbst nicht zu Hause ist, sollte der Hund die Möglichkeit haben, sich auszuruhen – im Falle meiner Kundin bedeutet dies auch, dass sie nicht auf die Nachbarschaft aufpassen müssen. Die Balkontür blieb daher von nun an wieder zu. Wenn die Hunde sich hingelegt hatten, sollte sie kein großes Aufheben mehr machen, sich nicht verabschieden und nicht noch einmal bei ihnen vorbeischauen. Dann sollte sie vor der Tür warten, was geschah. Beim kleinsten Geräusch sollte sie zurückkommen und die Hunde sofort auf ihren Platz schicken. Dann sollte sie erneut rausgehen – immer wieder und so lang, bis die Hunde ruhig blieben. Zum Abschluss der Übung empfahl ich ihr, noch einmal kurz zu warten, ehe sie schließlich wieder »nach Hause« käme. Die Frau machte es genau so und auf diesem Weg gewöhnten sich die Hunde rasch daran, allein zu bleiben, wenn ihr Frauchen wegging. Sie empfanden es als etwas ganz Normales.

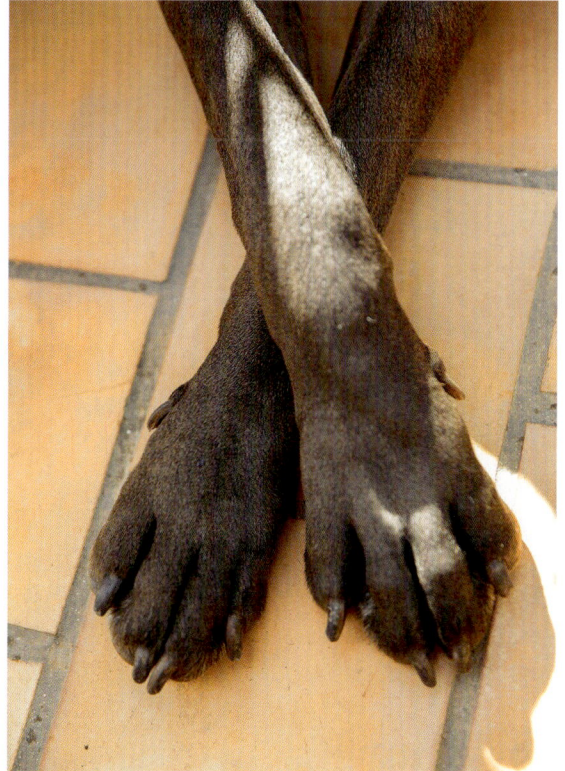

Noch entspannter kann ein Hund kaum aussehen. Hier weiß jemand, dass er sich um nichts Sorgen machen muss.

GEHEIMNIS 4: RUHE SCHENKEN

Richtig begrüßen

Wenn man beginnt, das Alleinsein zu üben, wird der Hund vermutlich zumindest anfangs erst einmal auf seinen Menschen losstürmen, sobald er zurückkommt. Das ist in Ordnung, allerdings sollte man auch bei der Begrüßung einiges beachten.

Hunde begrüßen uns Menschen, indem sie auf uns zukommen, an uns schnuppern, uns anschauen, mit dem Schwanz wedeln. Sie tun dies normalerweise nicht übertrieben aufgedreht. Sie sind zwar meist durchaus erfreut, befinden sich aber in einem ausgeglichenen Gemütszustand. Wenn der Hund sehr aufgeregt ist und versucht, zur Begrüßung an Ihnen hochzuspringen oder Sie anderweitig bedrängt, obwohl Sie ihn nicht dazu »eingeladen« haben, nimmt er Sie nicht als Mensch wahr. Er ist dann nicht unterwürfig, sondern dominant. In dem Moment, in dem Sie dieses Verhalten tolerieren, stärken Sie ihn in dieser Position.

Und genau hier liegt das Problem. Viele Hundebesitzer fehlinterpretieren nämlich das dominante Verhalten ihres Vierbeiners als besondere Freude und reagieren darauf mit »unkontrollierten« Emotionen. Sie wuscheln dem Hund durchs Fell, quietschen ein erfreutes »Ja, Hallo«, klopfen sich auf die Oberschenkel … Eine »artgerechte« Begrüßung ist das nicht. Denn mit den Emotionen zeigen wir Schwäche, die den Hund in diesem Augenblick nur noch mehr verunsichert.

In der freien Wildbahn würde der Rudelführer einfach zu »seinen« Tieren kommen, ruhig und sicher sein wie immer und damit signalisieren: »Hey Leute, ich bin da. Keine Aufregung, alles in Ordnung«. Und genau so

> »Wir fehlinterpretieren dominantes Verhalten oft als Freude. Und senden daraufhin falsche Signale an den Hund. Das kann zu Problemen führen.«

Wenn Ruhe und Sicherheit den Alltag bestimmen, wird es auch keine Probleme beim Begrüßen geben.

Natürlich freuen sich meine Hunde, wenn sie mich sehen, das ist normal. Aber sie sind nie aufgeregt.

sollten Sie es auch tun. Schließlich sind Sie in der Beziehung der Boss, der Verantwortliche, der Anführer.

Wenn Ihr Hund Sie bei der Begrüßung bedrängt oder an Ihnen hochspringt, sollten Sie ihm deutlich zeigen, dass Sie dieses Benehmen nicht dulden. Gehen Sie immer nach vorn. In der Natur geht der sichere, ruhige Rudelführer immer nach vorn, er weicht nicht aus. Sie sollten das Verhalten Ihres Hundes auch keinesfalls ignorieren. Bedrängt er Sie, können Sie ihn mit einem Finger zurückstupsen oder die flache Hand als »Stoppschild« benutzen und ihn damit in seine Schranken verweisen. Der Hund empfindet dies weder als »Unhöflichkeit« noch als »Liebesentzug«. Vielmehr hilft ihm Ihr Verhalten, sich wieder in die ihm zugedachte Rolle zu finden. Sobald er sich beruhigt hat, können Sie ihn dann streicheln und verwöhnen, so viel Sie wollen. In diesem Zustand können beide das Miteinander genießen – das stärkt die Bindung und die Beziehung erhält eine deutlich höhere Qualität!

GEHEIMNIS 4: RUHE SCHENKEN

AUTOFAHREN ÜBEN

Ich kenne nicht nur viele Hunde, die schlecht allein zu Hause bleiben, sondern mindestens genauso viele, die nicht gern Auto fahren. Dabei ist es gar nicht schwer, den Hund daran zu gewöhnen, dass er gern ins Auto steigt und während der Fahrt ruhig liegen bleibt. Selbst meine riesigen Doggen quetschen sich mit Vergnügen ins Auto und genießen es, mit mir zum Beispiel ans Meer zu fahren. Nicht nur, weil sie dort ein toller Spaziergang inklusive gemeinsamem Bad erwartet. Sie genießen das Auto auch als einen Ort, an dem sie sich entspannen können. Und genau das ist der Trick! Und die beste Zeit, um es zu üben, ist die der natürlichen Ruhephase. Im Idealfall gewöhnen Sie schon Ihren Welpen ans Autofahren. Aber auch größeren Hunden können Sie die Unsicherheit nehmen. Ein ganz extremes Beispiel schilderte mir einer meiner Kunden, für dessen Hund jede noch

Eng wird es schon, wenn sich drei so große Hunde in ein Auto quetschen. Aber mitfahren wollen sie alle.

»Zu viel und vor allem dauerhafte Aufregung setzt Hunde unter Stress und macht sie unsicher.«

so kurze Fahrt eine regelrechte Tortur war. Er wurde so panisch, dass der Mann anhalten musste, um ihn zu beruhigen. Ab da blieb der Hund im Auto nicht mehr ruhig. Seine Besitzer versuchten alles. Doch egal ob er im Fußraum beim Beifahrer, in einer Box auf dem Rücksitz, angeschnallt auf dem Rücksitz oder im Heckbereich hinter einer Abtrennung fuhr: Der Hund war stets extrem angespannt, hechelte, drehte sich und sprang umher. Auf der Rückbank brauchte er ständigen Blickkontakt zum Fahrer, sonst bellte er. Im Heck dauerte es fast eine halbe Stunde, bis er sich endlich hinlegte. Wenn er am Ziel endlich aus dem Auto durfte, tickte er völlig aus, kläffte schrill und laut, drehte sich und sprang herum. Es war ein Desaster. Ich empfahl, das Autofahren noch einmal ganz neu zu üben, und zwar dann, wenn sich der Hund von sich aus in einer ausgeglichenen, ruhigen und unterwürfigen Gemütslage befindet. Wie beim Alleinsein-Üben geht man also erst einmal diszipliniert spazieren. Dadurch sinkt sein Stresslevel schon ganz automatisch. Mein Kunde selbst war natürlich auch wieder gefragt. Wenn der Hund vom Autofahren gestresst ist, geht das auch an ihm nicht spurlos vorüber, im Gegenteil.

Wenn Sie Ihrem Hund beibringen, dass das Auto für ihn ein Ort der Ruhe ist, wird er auch gern einsteigen.

GEHEIMNIS 4: RUHE SCHENKEN

Die negative Energie überträgt sich ganz schnell auf den Menschen, der dann ebenfalls gestresst und fahrig ist. Das wiederum spürt der Hund natürlich und reagiert selbst erst recht wieder verunsichert.

Für den Transport empfahl ich, wie immer in solchen Fällen, eine Hundebox, da es viele Hunde verunsichert, wenn sie sich frei im Auto bewegen können. Ich kann überhaupt jedem empfehlen, seinen Vierbeiner bereits zu Hause an so eine Box zu gewöhnen. Sie sollte für ihn ein sicherer, ruhiger Ort und auch sein Schlafplatz werden – eine kuschelige, warme Decke kann da natürlich hilfreich sein. Auch wenn uns die Kisten eher an einen Käfig erinnern: Viele Hunde mögen sie, weil sie sich darin wie in einer Höhle verkriechen können. Ich kenne gar nicht so wenige Vierbeiner, die sich zum Schlafen immer in ihre Box zurückziehen.

Wenn ich fliegen muss und einen meiner Hunde mitnehmen möchte, reist er übrigens immer in einer Hundebox. Schon während ich den Hund am Flughafen in die Box »manövriere«, merke ich, wie er sich entspannt. Weil ich jeden meiner Hunde von klein auf daran gewöhnt habe, dass die Box ein schöner Ort ist. Ein Ort, an dem sie sicher sind, an dem sie Ruhe und Entspannung finden. Reisen, egal ob im Flugzeug oder im Auto, bedeutet für sie daher absolut keinen Stress. Hat der Hund die Box nach einigen Tagen zu Hause akzeptiert, ist der Zeitpunkt gekommen, ihn im Auto mitzunehmen. Man stellt dazu die Box neben das Auto und gibt dem Vierbeiner mit viel Ruhe und Ausgeglichenheit ein Zeichen, dass er es sich in ihr gemütlich machen soll. Wenn er in der Box ist, schließt man sie, befestigt sie ruhig im Heckbereich oder auf dem Rücksitz, ohne der Situation oder dem Hund weitere Aufmerksamkeit zu schenken, und fährt los.

Am Ziel angekommen stellt man die Box in Ruhe neben das Auto, öffnet das Türchen und lässt den Hund wieder heraus. Wenn er nach wie vor herumspinnt, war die Fahrt zu lang. Üben Sie daher auch hier, wie beim Alleinbleiben, in kleinen Schritten und erhöhen Sie die »Dosis« nur langsam. Auf diese Weise erreichen Sie, dass das Auto für Ihren Hund nichts Besonderes oder Aufregendes mehr bedeutet. Es ist vielmehr ein weiterer Platz, an dem er Ruhe finden und Sicherheit erfahren kann. Und die sind wichtig für sein seelisches Gleichgewicht. Hunde brauchen eben nicht nur Bewegung und Aktivität. Sie müssen nicht rund um die Uhr etwas erleben. Sie brauchen genauso auch Auszeiten vom Trubel. Zu viel und vor allem dauerhafte Aufregung setzt sie unter Stress und macht sie unsicher. Wenn ein Hund entspannt im Auto mitfährt, ist das also für beide Seiten von Vorteil. Unruhe, Unsicherheit und Stress weichen Ruhe, Sicherheit und Entspannung. Und das wiederum ist gut für die Beziehung.

»Ruhe ist nicht nur zum Schlafen und Lernen wichtig, sondern auch für ein entspanntes Miteinander unverzichtbar.«

Jetzt ist aber mal Ruhe!

Ausflug im Jeep, da haben alle Spaß. Auf ins nächste Abenteuer!

MANCHE HUNDE BENÖTIGEN EINFACH UNSERE HILFE

Das Benehmen dieses Border Collies stellte seine Besitzer vor eine große Herausforderung. Peter Maffay glaubte an ihn, denn jeder Hund verdient eine Chance.

Border Collie Llamp machte erst einmal nur Probleme. Mit Josés Hilfe hat es Peter Maffay doch noch geschafft, ihn in die Familie zu integrieren.

Nicht immer ist die Beziehung zu einem Hund so, wie man es sich wünscht.

Peter Maffay: Das stimmt. Unser Border Collie Llamp zum Beispiel war ein richtiger Problemhund. Wir suchten einen neuen Hütehund für unsere Schafe und so kam Llamp zu uns. Doch unser Team im Biobetrieb kam nicht mit ihm klar. Llamp biss und war einfach »unberechenbar«. Als unsere Leute meinten, dass sie Llamp nicht brauchen könnten, haben meine Frau und ich uns entschieden, den Hund zu uns ins Wohnhaus zu nehmen. Wir haben gehofft, dass sich alles fügen würde, wenn er eine Bezugsperson hätte, die ihm bisher gefehlt hatte.

Hat sich Llamp denn sofort verändert, als er zu Ihnen kam?

Peter Maffay: Nein, erst einmal wurde gar nichts besser. Llamp wurde als Welpe ganz offensichtlich misshandelt. Und nun hatte er sich von einem verunsicherten Welpen zu einem aggressiven Jungrüden entwickelt. Er riss ständig aus, attackierte jeden Besucher, sogar mich hat er einmal gebissen. Uns war klar, dass es so nicht weitergehen konnte. Es stand sogar die Frage im Raum, ob wir Llamp weggeben. Aber ich habe mein Veto eingelegt und darauf bestanden, dass der Hund bleibt. Ich wollte mich selbst um ihn kümmern. Und es ist dann tatsächlich gelungen, diesen kleinen Kerl zu einem Lamm zu machen. Ich habe immer fest daran geglaubt, dass er sich einordnen kann. Aber wir mussten uns auch eingestehen, dass wir fachlichen Rat brauchten. So haben wir José um Hilfe gebeten.

Was hat José Ihnen empfohlen?

Peter Maffay: Dass wir dem Hund das geben sollen, was er braucht: klare Regeln, Sicherheit, Ruhe, eine Aufgabe. Hunde wollen so behandelt werden, wie es ihrer Natur entspricht. Dann können sie die Rolle einnehmen, die die Natur für sie vorsieht.

Haben Josés Ratschläge sofort Wirkung gezeigt?

Peter Maffay: Nicht sofort, was aber vor allem daran lag, dass ich nicht da war. Aber als ich mir, wie es José empfohlen hat, die Zeit genommen habe, mich regelmäßig mit Llamp zu beschäftigen, zeigten sich sofort erste Fortschritte. Ich habe gemerkt, dass Llamp allmählich immer ausgeglichener wurde. Heute ist er aufmerksam und in positiver Form wachsam. Er ist in der Gemeinschaft der Hunde aufgenommen und hat seine Rolle in der Gruppe gefunden. Er ist absolut liebenswert.

Waren Sie im Nachhinein über diese Verwandlung nicht selbst erstaunt?

Peter Maffay: Nein, ich wusste ja, das es klappt. Zumindest habe ich daran geglaubt. Natürlich veränderte sich Llamp nicht von einem Tag auf den anderen. Wenn man einem kleinen Kind einen Löffel in die Hand drückt, kann es auch nicht sofort alleine essen. Aber irgendwann klappt es eben doch.

Llamp hat nicht mehr zu fressen gekriegt als andere und ich bin nicht mehr mit ihm spazieren gegangen. Dieser Hund hat einfach total darauf reagiert, dass ich ihn genommen und berührt habe. Allerdings: Wenn ich nur so tue, als würde ich mich um jemanden kümmern, klappt es nicht. Das ist doch bei jedem Lebewesen so. Ein Kind, das immer nur im Vorbeigehen gestreichelt wird, verkümmert. Es muss auch mal richtig in die Arme genommen werden. Wenn man Zuneigung zu einem Kind empfindet, muss man ihm das auch sagen. Es ist wichtig, das auch zu hören. Bei Hunden ist es nicht anders. Auch wenn ich ihnen nicht mit Worten sagen muss, dass ich sie mag. Das kann ich, um in Josés Worten zu sprechen, indem ich ihnen Sicherheit und Ruhe schenke und die Verantwortung für sie übernehme.

Ein Hund ist kein einsamer Wolf, er braucht unsere Nähe und Fürsorge. Wir müssen Verantwortung übernehmen.

GEHEIMNIS 5:
DIE RICHTIGE SPRACHE FINDEN

Warum sich Mensch und Hund so oft missverstehen und wie wir lernen, besser miteinander zu kommunizieren.

SPRACHE OHNE WORTE

Hunde kommunizieren eigentlich ununterbrochen mit ihrer Umwelt. Oft bekommen wir davon gar nichts mit, weil wir nicht wissen, wie sie das tun.

Hunde sind keine Einzelgänger, sondern leben naturgemäß in einem festen Sozialverband. Wenn dieses Rudel funktionieren soll, ist jedes einzelne Mitglied darauf angewiesen, mit den anderen zu kommunizieren. Anders als Menschen tauschen sich Hunde dabei nicht zum Zeitvertreib aus. Jede Kommunikation hat das Ziel, die Balance und Ordnung im Rudel zu erhalten. Man klärt, wer die Verantwortung für die anderen trägt, wer auf die Welpen aufpasst, wer das Territorium absichert oder wer Ausschau nach einer neuen Futterquelle hält – so wie vielleicht in einem Rudel Straßenhunde einer die Küchentür des Schnellimbisses kontrolliert, um sofort »Alarm« zu schlagen, wenn der Küchenjunge den Müll auf die Straße stellt. Kommunikation ist Mittel zum Zweck. Sie sichert das Überleben.

Hunde setzen verschiedene Kommunikationsmittel ein. Ich bin immer wieder erstaunt, wie viele Menschen glauben, dass sich Hunde nur über die Körpersprache »unterhalten«. Tatsächlich spielt diese zwar eine wichtige Rolle bei der Kommunikation. Aber sie ist nicht alles. Wie sich Hunde untereinander verständigen, geht Hand in Hand damit, wie sie die Welt um sich wahrnehmen.

Die Sinne des Hundes

Wie der Mensch nimmt auch der Hund seine Umwelt über den Seh-, Hör-, Tast-, Geruchs- und Geschmackssinn wahr. Die Anatomie und die Fähigkeit seiner Augen, Ohren, Nase und Zunge unterscheiden sich jedoch deutlich von den unseren und daher kommt ihnen auch bei der Kommunikation nicht dieselbe Bedeutung zu.

Wenn ein Welpe auf die Welt kommt, sind seine Augen und Ohren noch verschlossen. Er ist blind und taub. Auf seinen Geruchs-, Geschmacks- und Tastsinn kann sich der Kleine dagegen von der ersten Minute an verlassen. Auch wenn sie noch nicht so ausgebildet sind wie bei einem erwachsenen Hund, ist zum Beispiel die Nase des Welpen schon jetzt ungleich leistungsfähiger als die eines Menschen. Ein paar Monate später ist sie dann ein wahres »Hochleistungsorgan«. Dank 200 Millionen Geruchsrezeptoren riecht ein Hund etwa eine Million Mal besser als ein Mensch. Rund zehn Prozent des Gehirns sind der Verarbeitung dieser schier unglaublichen Zahl von Geruchseindrücken vorbehalten. Bei uns nimmt die Fläche gerade einmal ein Prozent ein. Der ausgezeich-

Was war das denn? Schon das kleinste Geräusch lässt unsere Vierbeiner aufhorchen.

»*Die Art, wie Hunde sehen, ist ein Relikt aus Wolfszeiten, wo in der Dämmerung gejagt wurde und im Dickicht der Wälder potenzielle Beute ausgemacht werden musste.*«

nete Geruchssinn ist für das Überleben wichtig, nicht nur, weil der Hund dadurch Nahrung und Wasser aufspüren und auf ihre Bekömmlichkeit »untersuchen« kann. Er kann durch ihn zum Beispiel auch seine Sozialpartner von Tieren unterscheiden, die nicht zu seinem Rudel gehören, kann sich im Gelände orientieren, Reviergrenzen erkennen, paarungsbereite Artgenossen identifizieren und deren Verfassung und Gefühle wahrnehmen.

Zurück zum Welpen: Wenn er nach 11 bis 15 Tagen seine Augen öffnet, ist das Sehvermögen noch deutlich eingeschränkt. Es dauert einige weitere Tage, bis er optische Reize genauso wahrnehmen kann wie seine ausgewachsenen Artgenossen. Und auch die sehen die Welt mit ganz anderen Augen als wir: weniger bunt, wenig scharf. Dafür ist ihr Sehsinn dem unsrigen in anderen Dingen überlegen. Hunde sehen in der Dämmerung deutlich besser, weil ihr Augenhintergrund einfallendes Licht reflektiert. Ihr Blick ist auf Bewegung ausgerichtet. Während sie unbewegliche Gegenstände kaum wahrnehmen, registrieren sie noch die kleinste Bewegung. Das liegt nicht nur an ihrem deutlich größeren Gesichtsfeld. Das Hundeauge »schießt« zudem bis zu 80 Einzelbilder pro Sekunde, unser eigenes höchstens 60.

Noch etwas später als die Augen öffnen sich nach und nach auch die Gehörgänge des Welpen. Ist sein Hörsinn erst einmal voll ausgebildet, übersteigt er den des Menschen deutlich. Im unteren Bereich (tiefe Töne) hören wir zwar ähnlich gut. Während unser Ohr bei Schalldruckwellen ungefähr ab 16 Kilohertz kapituliert, hören Hunde jedoch noch sehr viel höhere, für uns gar nicht wahrnehmbare Töne bis zu circa 50 Kilohertz. Noch dazu bemerken sie selbst sehr geringe Unterschiede von 1,5 Prozent.

Wie Hunde die Welt »sehen«

Mit der Nase erschnuppert der Hund, was um ihn herum passiert. Während wir zum Beispiel sehen, dass es nachts gefroren hat, weil auf den Autodächern noch Reif liegt, riecht der Hund das. Oder überlegen Sie einmal, was geschieht, wenn wir in ein Café gehen. Die meisten von uns schauen sich erst einmal um. Gibt es irgendwo einen freien Platz? Kennt man jemanden? Der eine steuert dann geradewegs auf die Bar zu, der andere sucht vielleicht einen Tisch am Fenster. Jeder folgt seinem eigenen Schema. Ein Hund dagegen geht immer auf die gleiche Weise in ein Café: mit der Nase. Wer saß vor uns am Tisch? Wer sitzt neben uns? War vielleicht ein anderer Hund in der Nähe? Was klebt an der Schuhsohle meines Tischnachbarn? Lag vorhin ein Krümel Gebäck oder ein Stück Schinken am Boden? Im Gegensatz zum Mensch hat ein Hund keine Vorstellung von dem, was ihn in dem Café erwarten wird. Er hat keine Idee davon, was passieren könnte. Er nimmt einfach nur wahr, was um ihn herum ist und war. Mit seiner Nase!

Der Geruchssinn ist der erste und wichtigste Sinn unserer Vierbeiner. Mit ihm erschnüffeln sie sich die Welt.

GEHEIMNIS 5: DIE RICHTIGE SPRACHE FINDEN

Genauso registrieren Hunde über mikroskopisch winzige Duftmoleküle, wie sich die Lebewesen in ihrem Umfeld fühlen. Denn der Geruch, den diese abgeben, ist, auch wenn sie es selbst nicht wahrnehmen, ein genaues Protokoll ihres Stoffwechsels, ihres Hormon- und Botenstoffhaushalts und anderer innerkörperlicher Vorgänge. Auch die Hunde selbst produzieren unzählige Lockstoffe, die über verschiedene Drüsen sowie ihre Ausscheidungen abgegeben werden und dazu dienen, wichtige Informationen zum Beispiel über das Geschlecht oder den Rang des jeweiligen Tieres zu liefern.

Nicht nur mit dem Geruch erfährt der Hund alles Wichtige über sein Gegenüber. Auch mit den Augen nimmt er wahr, wie sich andere Hunde geben: Haben sie die Ohren aufgestellt oder sind sie angelegt? Recken sie den Kopf nach oben oder halten sie ihn gesenkt? Ziehen sie die Lefzen hoch, zeigen sie ihre Zähne? Lassen sie die Zunge aus dem Maul hängen? Was ist mit der Rute? Jede noch so kleine Geste oder Miene wird registriert. Die Ohren spielen dagegen schon fast eine untergeordnete Rolle. Das bedeutet aber nicht, dass der Hörsinn zu vernachlässigen wäre. Wenn Hunde schlafen, werden sie vom kleinsten Geräusch geweckt. Wenn eine Hündin die Spur ihrer Welpen verliert, kann sie ihre Schreie unter allen anderen Welpen heraushören. Auch wenn eine meiner Doggen aus Versehen auf einen Hundewinzling tritt, merkt sie daran, dass dieser aufjault, dass eben nicht ein Stein oder Ast im Weg war, sondern ein Artgenosse.

Im Gegensatz zu den meisten Menschen verfügen Hunde über die Fähigkeit, all diese Signale auf einmal wahrzunehmen und zu interpretieren. Sie riechen, welche biochemischen Prozesse sich gerade in einem Körper abspielen und erhalten dadurch eine äußerst genaue Analyse der Stimmungslage. Zugleich registrieren sie jede Bewegung, jede Gestik und Mimik und hören dabei auch noch, was um sie herum geschieht. Sie kommunizieren mit allen Sinnen gleichzeitig. Dem Mensch gelingt dies nur in eingeschränktem Maße. Wir nehmen oft lediglich ein Signal wahr, das uns besonders auffällig erscheint und be-

Erst mal gründlich beschnuppern, um zu klären, wen man vor sich hat und wie der andere gerade drauf ist.

Sprache ohne Worte

Wenn ich mit meinen Hunden unterwegs bin, versuche ich mit allen Sinnen dabei zu sein – wie sie selbst.

achten nicht, was sonst noch passiert. Sehr oft verlassen wir uns allein auf das, was wir sehen oder hören. Und das führt nicht selten zu Missverständnissen.

Die »Sprache« des Hundes

Hunde setzen ihre Sinnesleistungen ganz anders ein als wir, um miteinander zu kommunizieren. Eine besondere Rolle spielt dabei der Geruchssinn, vermutlich auch, weil olfaktorische Signale gegenüber visuellen und akustischen den Vorteil haben, dass sie auch im Dunkeln oder schlecht überschaubaren Gelände gut wahrnehmbar sind. Hunde erkennen am Geruch eines Tieres sowie seiner Ausscheidungen unzählige Details über ihr Gegenüber. Sie wissen, welchen Rang und welches Geschlecht es hat, wie alt es ist, was es gegessen hat, was es kurz zuvor getan hat oder in welche Richtung es gelaufen ist. Der

GEHEIMNIS 5: DIE RICHTIGE SPRACHE FINDEN

Hund ist zudem aufgrund seiner ausgezeichneten Lern- und Merkfähigkeit in der Lage, einen Individualgeruch zu speichern und ihn entsprechend zuzuordnen, wenn er ihn erneut wahrnimmt – eine Fähigkeit, die sich der Mensch zum Beispiel bei der Ausbildung zum Personensuch- und Fährtenhund zunutze macht. Gut trainierte Hunde lassen sich weder durch ein läufiges Weibchen noch durch Futterleckerbissen ablenken. Entsprechend geschulte Hunde können sogar Krankheiten wie Diabetes oder Krebs erriechen. Was auf den ersten Blick wie ein Wunder erscheint, ist nur ein weiteres Zeugnis für die unfassbare Fähigkeit ihrer Nase. Sie bemerkt kleinste Veränderungen im Stoffwechsel, lang bevor die Krankheit sich in deutlichen Symptomen nach außen manifestiert.

Hat ein Hund einmal die Fährte aufgenommen, stehen die Chancen gut, dass er auch findet, was er sucht.

»Weil Hinterlassenschaften und Spuren längere Zeit vorhanden bleiben, dient der Geruchssinn auch der Langzeitkommunikation.«

Auch wir können die Gerüche um uns herum nicht abschalten. Wir können jemanden gut riechen, wir bekommen Hunger, wenn wir an einer Bäckerei vorbeigehen, in der die Brötchen gerade frisch aus dem Ofen kommen, der Duft von Weihnachten umhüllt uns auf dem Weihnachtsmarkt … Aber wir nehmen Gerüche oft unbewusst wahr. Wir sind eben rationale Lebewesen. Unsere Hunde sind das nicht. Das müssen wir uns immer wieder vergegenwärtigen.

Um sich ein Geruchsbild vom anderen zu machen, kontrolliert ein Hund nicht nur dessen Ausscheidungen in der Umgebung. Genauso nimmt er, wenn er einem Artgenossen begegnet, auch dessen Anogenitalzone und Mundwinkel unter die Lupe, also Körperbereiche, die einen besonders auffälligen Duft verströmen. Wir Menschen können übrigens schon an der Art, wie sich zwei Hunde beschnuppern, erkennen, welchen Rang ein Tier für sich in Anspruch nimmt: Dominante Hunde erlauben kaum, dass andere an ihnen schnuppern, während sie selbst das dagegen sehr ausführlich machen. Achten Sie beim Gassigehen einmal darauf!

Unbekannte Artgenossen werden mithilfe des Geruchssinns in Sekundenschnelle analysiert.

GEHEIMNIS 5: DIE RICHTIGE SPRACHE FINDEN

Im Spiel lernt ein Welpe von seiner Mutter und den Geschwistern, wie die Körpersprache funktioniert.

DIE KÖRPERSPRACHE

Welchen Rang ein Hund hat, ob er sicher oder unsicher ist, dominant oder unterwürfig, ängstlich oder selbstbewusst, macht sich immer auch durch seine Körpersprache deutlich. Zumindest sie lässt sich teilweise erkennen und deuten, während die Geruchswelt des Hundes für uns wohl immer ein unerforschtes Universum bleiben wird.
Ich sage teilweise, weil die gleiche Haltung sehr oft ganz unterschiedliche Dinge ausdrücken kann. Man muss immer auch den Gesamtkontext beachten – und genau damit sind die meisten Menschen überfordert. Wenn zum Beispiel ein Hund beim Kontakt mit einem Artgenossen seinen Kopf senkt und den Schwanz einzieht, kann dies ein Zeichen dafür sein, dass er unsicher und ängstlich ist. Es kann aber genauso signalisieren, dass er gerade nicht den dominanten Part für sich beansprucht. Das hat nichts mit Unsicherheit zu tun. Sie erinnern sich: In der Natur gibt es immer einen dominanten und

Sprache ohne Worte

> »Hunde benutzen ständig ihren Körper, um untereinander zu kommunizieren.«

einen unterwürfigen Part, wenn zwei Tiere aufeinandertreffen (siehe ab Seite 20). Genauso können ein erhobener Kopf und eine aufgerichtete Rute Zeichen für Dominanz sein, aber auch signalisieren, dass der Hund aufgeregt ist und sich freut. Die Körperhaltung geht immer Hand in Hand mit der inneren Ausstrahlung und allen anderen Signalen, die ein Hund ununterbrochen aussendet. Daher ist es auch so wichtig, sehr genau hinzuschauen.

Eine besondere Rolle kommt dabei den Ausdruckszonen im Gesicht zu, also zum Beispiel dem Maul, den Lippen und Mundwinkeln, dem Nasenrücken, der Stirn und den Ohren. Letztere sind nicht nur selbst wichtige Sinnesorgane, sondern spielen eine tragende Rolle bei der Körpersprache.

TAKTILE SPRACHE

Ein weiterer wichtiger Aspekt der Kommunikation ist die taktile »Sprache«. Hunde lernen Regeln nur im Miteinander und eine große Rolle dabei spielen Berührungen und Körperkontakt. So wird zum Beispiel in einem Hunderudel die Rangordnung häufig durch Wegdrängen, Anrempeln und Kopfauflegen geregelt. Auch Lecken, Knabbern, Fellsäubern und Kontaktliegen dienen weniger der Pflege oder dem Schutz vor Kälte, sondern vor allem der sozialen Kommunikation. Weil Hunde nicht wie wir Hände haben, benutzen sie ihr Maul. Viele Menschen denken ja bei diesem Stichwort sofort ans Beißen und gebissen werden. Dabei kann ein Hund sein Maul und seine Zähne sehr feinfühlig und zärtlich einsetzen. Welpen zum Beispiel sind gewohnt, ihr Maul zu benutzen, um zu kommunizieren. Wenn ein junger Hund an uns-

Welpen lecken instinktiv am Maul ranghöherer Hunde – oder eben manchmal auch im Gesicht ihres Besitzers.

Welpen brauchen etwas, auf dem sie herumkauen können. Aber Sie bestimmen, was das ist.

leckt und knabbert, uns zwickt oder auf anderen Dingen herumkaut, benutzt er sein Maul instinktiv, so wie er es im Umgang mit seiner Mutter und seinen Geschwistern getan hat. Als sein neuer Besitzer müssen wir ihm allerdings klar verständlich machen, wie weit er dabei gehen darf. Nicht indem wir ihn schimpfen, das versteht er nicht. Sondern indem wir ihm ruhig und bestimmt Grenzen setzen, ihn zum Beispiel wegstupsen oder mit der vorgehaltenen Hand »ausbremsen«. Geschieht das nicht und lernt der Welpe nicht, sich an unsere Regeln zu halten, gerät die Balance in absehbarer Zeit ins Wanken und der Hund wird beginnen, die Kontrolle zu übernehmen.

BELLEN

Auch Bellen scheint eine Form der Kommunikation zu sein, wobei unklar ist, ob es tatsächlich der Übermittlung von Informationen dient oder nicht doch eher nur eine Möglichkeit darstellt, auf sich aufmerksam zu machen. Einige Wissenschaftler gehen davon aus, dass sich Hunde mit dem Bellen ihren zweibeinigen Partnern angepasst haben. Schließlich verständigen wir uns vor allem akustisch. Der Mensch hat die Bellfreudigkeit aber auch selektiv erhöht, weil das akustische Signal zum Beispiel bei Hüte-, Jagd- Wachhunden durchaus von Nutzen ist. Das führt heute oft zu Problemen, gerade bei kleinen Hunden, wie zum Beispiel Terriern oder Pinschern. Ich würde sogar sagen, dass ununterbrochenes Kläffen mit der häufigste Grund ist, warum Besitzer von kleinen Hunden meinen Rat suchen. Warum ist das so? Viele dieser Hunde wurden dazu gezüchtet, bei der Jagd durch Bellen Beute zu melden. Als Jagdhund ist es zugleich ihre Aufgabe, so lange die Verantwortung über die Situation zu übernehmen, bis der Jäger bei der Beute eintrifft. Bei diesen Hunden ist also nicht nur die Neigung, viel zu bellen, genetisch verankert, sondern auch vor allem dann zu bellen, wenn sie die Kontrolle übernehmen.

»Der Mensch hat durch gezielte Zucht auch gefördert, dass Hunde bellen.«

Wenn nun so ein Hund sich nicht sicher geführt fühlt und deswegen instinktiv in die Anführerrolle schlüpft, wird er auch viel bellen. Er kläfft andere Hunde an, kleine Kinder, Mopeds, Tauben … Er kläfft eigentlich ununterbrochen, weil er ununterbrochen das Gefühl hat, alles kontrollieren und für alles Verantwortung übernehmen zu müssen. Dazu kommt, dass viele Leute »Unsitten« wie häufiges Kläffen oder auch Anspringen bei kleinen Hunden erst einmal viel eher durchgehen lassen als bei großen Rassen. Sie finden es oft sogar witzig, wie sich der Hund aufregt und ich muss zugeben, dass auch ich manchmal lachen muss, wenn so ein Winzling meine Doggen »niedermachen« will. Irgendwann aber ist bei jedem die Geduld am Ende und die ständige Kläfferei wird zu einem handfesten Problem, das die Beziehung enorm belastet. Und den Hund auch. Das Gute ist, dass der ganze Spuk rasch aufhört, sobald die Balance in der Beziehung wiederhergestellt ist. Wenn es dem Menschen gelingt, dem Hund durch seine innere Ruhe und Sicherheit zu signalisieren, dass er selbst alles unter Kontrolle hat, kann dieser loslassen und sich entspannen. Er kann selbst ruhig werden. Im wahrsten Sinn des Wortes.

Bellen ist vielleicht die Äußerung, die wir am ehesten wahrnehmen. Die Wichtigste ist es keinesfalls.

WAS WILLST DU?

Warum ist es nur so schwer, einem Hund beizubringen, was wir von ihm erwarten? Ganz einfach: Er kann uns nicht verstehen – und wir ihn nicht.

Obwohl der Mensch schon viele tausend Jahre mit Hunden zusammenlebt, fällt es ihm noch immer schwer, sie zu verstehen. Wir wissen zwar, dass Hunde sich weniger durch Bellen als durch Körpersprache »unterhalten«. Doch die vielen feinen Nuancen und Doppeldeutigkeiten können wir nicht entschlüsseln. Der Ausdruck des Hundes ist mit dem Eindruck, den wir dabei gewinnen, nicht immer identisch. Im Zuge dessen kommt es immer wieder zu mehr oder weniger großen Missverständnissen. Der Klassiker: Ein Mensch trifft vor dem Supermarkt auf einen niedlichen Hund mit eingezogenem Schwanz. Er hat Mitleid mit dem Tier, spricht es an und will es streicheln. Der Hund aber schnappt zu. Was ist passiert? Der Mensch deutete das Verhalten des Hundes als Einsamkeit oder Trauer und wollte das Tier trösten. Der Hund aber war gar nicht einsam oder traurig, sondern hat mit seiner Körperhaltung nur seine Unsicherheit nach außen getragen. Vielleicht musste er das erste Mal allein vor dem Supermarkt warten? Vielleicht hatte ihn kurz zuvor ein knatterndes Moped oder ein anderes lautes Geräusch erschreckt? Durch die Hand fühlte er sich nun angegriffen. Indem er zuschnappte, wollte er sich schützen. Klassisches Missverständnis! Der Mensch wollte ein Liebeszeichen geben, der Hund hat das als Bedrohung verstanden. Das Ergebnis: eine blutende Bisswunde, viel Geschrei und noch mehr Papierkram mit der Versicherung.

Wie wenig Menschen auf die Zeichen von Hunde achten, erlebe ich selbst sehr oft, wenn ich mit einem meiner Hunde in der Stadt unterwegs bin. Eine Dogge ist natürlich allein wegen ihrer Größe eine »Attraktion«. Und sie scheint eine magische Anziehung auf Fremde zu haben, die sie streicheln wollen. Wenn mich jemand freundlich fragt, lasse ich das meist auch geschehen. Es kommt aber gelegentlich vor, dass ich eher kühl reagiere, zum Beispiel wenn mein Hund sich gerade neben mir ausruht und ihm ein Wildfremder plötzlich den Kopf krault – obwohl der Hund ganz eindeutige Signale sendet, dass er das nicht will, indem er von dem Menschen wegschaut, seinen Kopf zurückzieht und mich anguckt. Die wenigsten Menschen verstehen mich dann. Manche sind sogar wütend auf mich. Aber das nehme ich in Kauf, weil ich will, dass es meinen Hunden gut geht. Und dazu gehört eben auch, dass ich für einen respektvollen Umgang mit ihnen sorge. Nun

Ich übe jeden Tag mit meinen Hunden, damit sie, wenn es darauf ankommt, ruhig und gelassen bleiben.

sind meine Hunde ausgebildete Therapiehunde und haben gelernt, dass sie es sich auch gefallen lassen müssen, von Fremden angefasst zu werden. Es wird daher nichts passieren, zumal sie wissen, dass ich in solch einer Situation mögliche Probleme für sie regele. Aber ein »normaler« Hund kann durch so ein offensives Verhalten durchaus so verunsichert sein, dass er sich zu schützen versucht. Man darf nicht davon ausgehen, dass er es schön findet, gestreichelt zu werden, nur weil man selbst es schön findet, ihn zu streicheln oder der Meinung ist, dass es ihm gefallen muss. Weil er ein Hund ist, kann er dann zuschnappen.

> »Wir müssen lernen,
> den Hund zu verstehen.«

Hunden geht es im Übrigen nicht viel anders als uns. Sie können den Inhalt unserer Worte nicht verstehen, weil sie der Verbalsprache nicht mächtig sind. Zwar sind sie in der Lage, bestimmte Kommandos wie »Sitz«, »Platz«, »Bleib« oder auch »Such den Ball« auszuführen. Dabei handelt es sich aber nur um das Ergebnis konsequenten Trainings, bei dem der Hund gelernt hat, bestimmte Lautfolgen mit bestimmten Handlungen beziehungsweise »Aufträgen« in Verbindung zu bringen. Was die Kommunikation zwischen Mensch und Hund so schwer macht, liegt also an zwei Dingen: Zum einen verstehen wir nicht,

Dieser Hund fordert eindeutig zum Spiel auf. Aber nicht alle Signale lassen sich so einfach dechiffrieren.

was der Hund uns sagen will. Wir deuten seine Signale falsch oder nehmen nur einzelne Äußerungen wahr, während wir andere Zeichen, die er gleichzeitig sendet, vernachlässigen – oder wie bei den olfaktorischen Signalen, also den Gerüchen, nicht dazu in der Lage sind, sie überhaupt wahrzunehmen. Zum andern machen wir uns selbst nicht auf eine Art und Weise verständlich, die der Hund verstehen kann. Wir können nicht so mit ihm sprechen, wie wir es mit einem Menschen tun würden. Hunde werden zwar, was ihre Intelligenz und ihr Lernvermögen betrifft, immer wieder gern mit Kindern verglichen. Zumindest was das Sprachverständnis angeht, stoßen sie jedoch rasch an ihre Grenzen. Denn der Hund kann uns kognitiv nicht folgen. Er versteht den Sinn der Worte nicht. Was nützt der beste Wille, wenn man nicht versteht, was man tun soll? Es ist also überhaupt kein Wunder, dass es schnell zu Problemen kommt.

GEHEIMNIS 5: DIE RICHTIGE SPRACHE FINDEN

Wegen dem bisschen Dreck so eine Aufregung? Hunde verstehen nicht, warum wir sie schimpfen.

Worte sind nur Schall und Rauch

Weil es nicht leicht ist, die eigenen Sichtweisen hintanzustellen und wir einen Hund ohnehin gern wie einen Mensch sehen, versuchen wir oft, ihm unsere Art der Kommunikation beizubringen. Wäre es nicht schön, wenn das klappen würde? Dann könnten wir uns so mit unseren vierbeinigen Freunden unterhalten wie mit unseren zweibeinigen. Leider wird das aber niemals möglich sein. Auch wenn Hunde uns noch so oft an uns selbst erinnern, bleiben sie doch Hunde. Und als solche wollen sie auch behandelt und geschätzt werden. Sonst geht es ihnen nicht gut. Schuld an dem ganzen Dilemma ist, dass der Hund nicht auf das »hört«, was wir sagen, sondern wie wir es sagen. Er tut das nicht aus Böswilligkeit oder weil er trotzig ist. Hunde sind der Verbalsprache einfach nicht mächtig. Es bleibt ihnen also gar nichts anderes übrig, als unsere Worte zu ignorieren.

Was für das freundliche »Zwiegespräch« gilt, gilt erst recht bei Konflikten. Wenn Sie Ihren Hund zum Beispiel anschreien und schimpfen, weil er mit dreckigen Pfoten über den nagelneuen Teppich gelaufen ist (»Spinnst du, den neuen Teppich so dreckig zu machen?«), kommt beim Hund weder die Information an, dass der Teppich neu ist, noch, dass er das nächste Mal bitte doch erst mal abwarten solle, bis Sie ihm die Pfoten abgetrocknet haben. In seinen Augen hat der Hund nichts falsch gemacht, sondern ist wie immer nach dem Gassigehen zu seinem Körbchen gelaufen. Was bei ihm ankommt, ist Ihr Ärger und Ihr Unmut, den er an Ihrer Stimmlage und der Lautstärke der Schimpftirade ebenso erkennt, wie an der Zusammensetzung Ihres Geruchs und Ihrer gesamten Ausstrahlung. Und all das signalisiert ihm, dass Sie gerade nicht Herr der Lage sind und somit keinerlei Anführer-Qualitäten haben. Er versteht nicht, was Sie sagen, sondern nur, dass Sie aufgeregt sind. Diese Aufregung deutet er als Unsicherheit beziehungsweise Zeichen der Schwäche. Der Chef, der Verantwortliche ist in der Natur aber nie schwach. Daher wird der Hund auch nicht folgen. Ich habe erst kürzlich ein Paar beobachtet, das auf einer Wiese verzweifelt seinen beiden Hunden hinterherschrie, weil diese einem Kaninchen auf der Spur waren. Die Wirkung tendierte gegen null oder sogar darunter. Anfangs blieben die Hunde hin und wieder noch kurz stehen, sahen sich nach ihren Besitzern um und schienen zu überlegen, ob sie zu ihnen zurückkehren sollten. Aber bald waren alle Hemmungen gefallen. Während die Menschen immer hysterischer wurden und den Hunden am Ende sogar hinterherrannten, hatten die den »Kontakt« schon längst abgebrochen. Mir kam das Ganze vor wie eine Situation aus dem Lehrbuch. Thema: Was kann Verbalsprache beim Hund bewirken? Wie beeinflussen unsere Emotionen das Verhalten des Hundes? Auch für den Laien war ersichtlich, dass die Hunde sich umso mehr verselbstständigten, je mehr das Paar in Rage geriet und je mehr »Kommandos« es den Vierbeinern gab. Woran lag das?

ES KOMMT IMMER AUF DEN RICHTIGEN MOMENT AN

Dass Hunde den Sinn unserer Worte nicht verstehen können, bedeutet natürlich nicht, dass Sie nicht mehr mit Ihrem Vierbeiner reden dürften. Es ist genauso wie mit dem Streicheln und Kuscheln. So wie Sie Ihrem Hund Ihre Liebe geben können, wenn er ruhig und unterwürfig ist, können Sie in diesem Moment auch mit ihm sprechen – so viel Sie wollen und was Sie wollen. Ist er allerdings gerade aufgeregt, können zu viele Worte diese negative Stimmung schnell noch anheizen, vor allem, wenn Sie selbst aufgeregt oder angespannt sind.

Macht sich der Hund beim Gassigehen selbstständig, sollte sein Besitzer nachdenken, ob er genug Chef ist.

pretierten die Hunde die Situation genau als das, was sie eindeutig auch war: Kontrollverlust. Die beiden Menschen strahlten so wenig Ruhe und Sicherheit aus wie ein Kaninchen vor der Schlange. Und ihre Hunde nahmen das Schreien, Klatschen und Hinterherlaufen als das wahr, was es war: ein Zeichen der eigenen Unsicherheit und Schwäche.

Wenn mich diese Leute um Rat gefragt hätten, würde ich natürlich noch viel weiter ausholen. Denn wenn die Fronten geklärt wären, würden die Hunde überhaupt nicht aus eigenen Stücken auf Jagd gehen. Wenn ein Vierbeiner sich regelmäßig aus dem Staub macht, um einem Eichhörnchen, Kaninchen oder Reh hinterherzuhetzen, genügt es nicht sich herauszureden und zu argumentieren: »In seinen Genen steckt halt irgendwo ein Jagdhund.« Man muss sich selbst hinterfragen und sich so verhalten, dass der Hund nicht mehr auf alte Instinkte zurückgeworfen wird, sondern seinem Menschen wieder folgen kann. Weil er ihm Sicherheit gibt.

Weil die Hunde den Inhalt der Worte nicht verstanden, nahmen sie nur die Art und Weise wahr, wie sich »ihre« Menschen äußerten, nämlich aufgeregt, erschrocken, wütend und schließlich angesichts der Ausweglosigkeit regelrecht panisch. Dementsprechend inter-

Um die Bindung zwischen Mensch und Hund zu stärken, müssen wir uns darauf besinnen, dass wir zwei verschiedene Arten sind und daher naturgemäß auch auf unter-

---

AGIEREN STATT REAGIEREN

Wenn sich das harmonische Gefüge in der Mensch-Hund-Beziehung verschiebt, kann das auch daran liegen, dass der Hundehalter immer nur auf Aktionen seines Vierbeiners reagiert. Dadurch nehmen Sie immer mehr die Position des Folgers ein, während der Hund mehr und mehr zum Anführer »aufsteigt«. Denn er deutet unsere Uneigenständigkeit für Unsicherheit und muss daher instinktiv versuchen, das mangelnde Selbstbewusstsein und das Defizit an Sicherheit auszugleichen.

schiedliche Weise kommunizieren. Hunde können uns in einem gewissen Rahmen entgegenkommen, indem sie lernen, bestimmte Worte mit bestimmten Erwartungen unsererseits und dementsprechenden Verhaltensweisen ihrerseits zu verknüpfen. In erster Linie sind jedoch wir selbst gefragt. Wir müssen lernen, die Welt mit Hundeaugen zu sehen, mit Hundeohren zu hören und uns zumindest vorstellen, sie mit einer Hundenase zu riechen. Wir müssen lernen, authentisch zu sein, damit unsere Ausstrahlung, unsere Körpersprache und unser Handeln übereinstimmen. Nur dann können wir verstehen, wie unsere Vierbeiner sich verhalten und echten Anteil an ihrem Leben haben. Nur so werden wir zu dem Mensch-Hund-Team, von dem wir träumen.

Wer die Natur seines Hundes respektiert, macht den ersten Schritt für eine glückliche Beziehung.

ICH VERSTEHE DICH!

Wenn wir wollen, dass unsere Hunde das machen, was wir uns von ihnen wünschen, müssen wir lernen, ihre natürliche »Sprache« zu sprechen.

Die wenigsten Hunde leben heute noch in Rudeln und so sind wir längst zu ihren wichtigsten Kommunikationspartnern geworden. Ich finde, diese Tatsache sollte jeden Hundebesitzer dazu animieren, so mit seinem Vierbeiner zu kommunizieren, dass der ihn auch versteht. Für mehr Verständnis und ein besseres Miteinander müssen wir uns nicht der Worte bedienen, sondern unserer inneren Kraft und Stärke und unseres Körpers. Worte kann ein Hund nicht verstehen. Er interpretiert nur unsere Ausstrahlung und unsere Körpersprache. Wenn wir sie richtig einsetzen, können wir ihm soziale Sicherheit geben und dafür sorgen, dass er sich in einer verlässlichen Partnerschaft wohlfühlt.

Ein Hund kann Emotionen und Absichten schnell dechiffrieren. Entsprechend beeinflussen unsere Mimik, Gestik und Stimme sein Verhalten. Wenn wir unsicher sind, fühlt auch er sich nicht sicher und die Balance von Führen und Geführt werden, von Verantwortung tragen und Verantwortung abgeben geht verloren. Vereinfacht gesagt können durch falsche Ausstrahlung und Körpersprache viele Probleme entstehen, die die Beziehung zum und mit dem Hund mitunter heftig trüben. Wenn ich das meinen Kunden erkläre, sind viele erst einmal verzweifelt. Sie erkennen zwar plötzlich, was sie die ganze Zeit über falsch gemacht haben. Aber weil sie sich nicht bewusst und aus boshafter Absicht so verhalten haben, wissen sie auch nicht, was sie anders machen könnten. Der Kummer weicht aber meist bald schon der Zuversicht, wenn ich erkläre, dass man über einen positiven und authentischen »Körpereinsatz« und die Rückbesinnung auf die eigenen natürlichen Instinkte auch wieder Zugang zu seinem Hund findet. Wenn wir die Sinnesleistungen unserer Hunde für die Kommunikation mit ihnen nutzen, wenn wir auf sie eingehen, dann »sprechen« wir automatisch die Sprache, die sie verstehen.

> »Man sollte versuchen, die Welt aus der Sicht des Hundes zu betrachten. So bekommt man ein klares Bild davon, was der Hund braucht und wie man sich verhalten sollte.«

GEHEIMNIS 5: DIE RICHTIGE SPRACHE FINDEN

Mit Zeichen und Berührungen können wir unseren Hunden signalisieren, dass wir für sie sorgen.

Ich bin für dich da!

Ohne es zu wissen, kommunizieren wir den ganzen Tag mit unserem Hund. Denn er nimmt ununterbrochen wahr, wie wir uns gerade fühlen. Seine Sinne befähigen ihn dazu, unsere Emotionen und Befindlichkeiten zu erkennen – und das oft schon lange bevor wir uns selbst ihrer bewusst werden. Das bedeutet nicht, dass Sie zu einer gefühllosen Maschine werden müssen, wenn Sie mit Ihrem Hund zusammen sind. Das würde keinem von ihnen guttun. Jeder Hundehalter sollte sich aber bemühen, im Umgang mit dem Hund immer ruhig und sicher zu sein. Auch ich erlebe wie jeder Mensch Dinge, die mich innerlich aufwühlen. Aber wenn ich zu meinen Hunden gehe, versuche ich, mich vorher zu sammeln und meine innere Kraft zu bündeln, damit ich ihnen ein guter Anführer und Chef bin, an dem sie sich orientieren können. Im Gegenzug geben mir meine Hunde ihre Liebe und ihr Vertrauen. Aus ihnen schöpfe ich Kraft, um schwierige Situationen durchzustehen. In einer guten Beziehung profitiert der eine vom anderen.

Die innere Haltung ist eines der mächtigsten Kommunikationsmittel. Indem wir dem Hund gegenüber ruhig und sicher sind, signalisieren wir ihm fortwährend, dass er sich entspannen und uns einfach folgen kann. Zahlreiche Probleme, die Hund und Mensch das Leben schwer machen, lösen sich dadurch ganz von allein. Denn wenn der Hund sich sicher fühlt, kann er die Position einnehmen, die zu ihm passt und die ihn nicht überfordert. Die Position des Folgers. Ich höre von anderen Hundebesitzern oft, dass sie auch gern so einen Hund hätten, wie es jeder von meinen Hunden ist. Und diese Leute sind erstaunt, wenn ich antworte: »Aber das haben Sie doch!« Man muss nur die Verantwortung übernehmen, dem Hund das geben, was er braucht. In jedem Hund schlummert das Bedürfnis, sich uns anzuschließen, die Verantwortung an uns abzugeben und zu folgen. Ein echter Gefährte zu sein. Wir müssen nur die Türe öffnen.

Ein Nachbar erzählte mir einmal, dass sein Vierbeiner von einem schwarzen Hund gebissen worden sei. Seitdem würde er regelrecht ausflippen, sobald er einem Hund in ähnlicher Größe und Farbe begegnete. Dass die täglichen Spaziergänge dadurch oft zum

> »Wenn der Hund sich sicher fühlt,
> kann er die Position einnehmen,
> die ihn nicht überfordert.«

Spießrutenlauf wurden, lag nahe. Genauso, dass die Freude, mit dem Hund draußen zu sein, rapide nachließ. Er berichtete auch gleich von einer Bekannten, die ein ganz ähnliches Problem hatte: Ihr Hund war von einem Schäferhund gebissen worden und würde seitdem am liebsten Reißaus nehmen oder vor Furcht zur Salzsäule erstarren, wenn er einen solchen Hund sah.

Ich versuchte dem Mann zu erklären, dass es nicht die schwarzen Artgenossen wären, die seinen Vierbeiner verunsicherten, genauso wenig wie der Hund seiner Bekannten unter einer Schäferhund-Phobie leiden würde. Verantwortlich für die Reaktion ihrer Hunde seien vielmehr sie beide selbst. Weil sie selbst erschraken, sobald sie einen Hund des entsprechenden Phänotyps entdeckten, würden sie durch ihre Körpersprache und Haltung signalisieren, dass das Theater gleich wieder

AUF EINER WELLENLÄNGE

Sicher haben auch Sie (mehr oder weniger) oft das Gefühl, dass Ihr Hund Sie ganz genau versteht. Freuen Sie sich! Schließlich ist das ein eindeutiges Zeichen dafür, dass Sie in diesem Moment die Instinkte Ihres Hundes erkannt und ihm die Ruhe und Sicherheit gegeben haben, die er braucht. Genau so funktioniert die »Sprache« zwischen Mensch und Hund. Genau das macht unsere Beziehung so besonders.

Unsicherheiten löse ich auf, indem ich die Sache und den Hund unter Kontrolle habe.

losgeht – ohne es selbst zu merken. Jede Pore ihres Körpers würde entsprechende biochemische Signale aussenden. Alles in ihnen »schrie« in diesem Moment: Achtung! Ihre Vierbeiner registrieren die Verunsicherung natürlich sofort und reagieren darauf, weil Hunde prinzipiell unsere Ausstrahlung und Körpersprache widerspiegeln, selbst entsprechend verunsichert. »Weil Sie aber die Verantwortung für Ihre Hunde tragen«, fuhr ich fort, »ist es Ihre Aufgabe, für deren Sicherheit zu sorgen. Und dies gelingt nur, wenn Sie selbst sicher auftreten.«

Der Mann war skeptisch. Weil ich ihm und seinem Hund helfen wollte, schlug ich daher ein Experiment vor. Ich selbst wollte mit seinem Hund und einem meiner schwarzen Hunde spazieren gehen. Weil er schon einige Berichte über mich in der Zeitung gelesen hatte, willigte er nach kurzem Überlegen ein. Ich bin mir sicher: Sehr wohl war ihm nicht dabei. Aber ich wusste, ich würde ihn überzeugen. Und das tat ich auch!

Um eine Beziehung zu dem Hund aufzubauen, ging ich erst einmal nur allein mit ihm spazieren. Er sollte merken, dass er sich bei mir absolut sicher fühlen konnte. Weil ich selbst ruhig und sicher war. Das Band zwischen uns war schnell geknüpft.

Mit einem Mitarbeiter hatte ich ausgemacht, dass er uns nach einer Viertelstunde mit meinem Hund entgegenkommen sollte. Und es geschah genau das, was ich erwartet hatte: nichts. Der Hund reagierte überhaupt nicht aufgeregt auf seinen Artgenossen, was daran lag, dass er sich absolut sicher fühlte. Weil er meine Ruhe und Sicherheit spürte. Mein Nachbar, der alles aus gebührendem Abstand

Wenn der Hund merkt, dass ich die Situation im Griff habe, kann er sich entspannen.

aus dem Auto beobachtete, konnte es kaum glauben. Heute freut er sich, dass er die Spaziergänge mit seinem Hund endlich wieder ohne Anspannung und Stress genießen kann. Er hat verstanden, dass er seinem Hund zeigen muss, dass er die Verantwortung für ihn übernommen hat. Nicht über Worte, sondern über seine Ausstrahlung. Mit Ruhe und Sicherheit.

Den eigenen Körper wiederentdecken

Hunde beobachten uns sehr genau und nehmen daher auch die unbedeutensten Körpersignale wahr. Es bleibt ihnen weder verborgen, welche Körperhaltung wir einnehmen, noch welche Bewegungen und Gesten wir ausführen.

GEHEIMNIS 5: DIE RICHTIGE SPRACHE FINDEN

Hunde sind Meister der Körpersprache. Sie deuten jedes noch so kleine Detail und interpretieren unser Befinden.

Die menschliche Körpersprache ist weitaus differenzierter, als es vielen von uns bewusst ist. Lange bevor unsere Urzeitahnen die Verbalsprache entwickelten, konnte der Mensch mithilfe von Körpersprache und Instinkten mit seinesgleichen kommunizieren. Unseren Hunden zuliebe sollen wir lernen, diese Fähigkeit wiederzuentdecken und unseren Körper als Kommunikationsmittel einzusetzen. Eine Geste kann für den Hund mehr ausdrücken als 100 Worte. Trotzdem sollte man nie vergessen, dass die Körpersprache allein uns nicht weiterbringt. Wenn wir uns mit gestreckter Brust und geradem Rücken aufrichten, im tiefsten Herzen aber ängstlich und unsicher sind, können wir vielleicht unsere Mitmenschen täuschen und ihnen vorgaukeln, dass wir gerade sehr selbstsicher sind. Bei Hunden wird uns das nicht gelingen. Hunde lassen sich nicht täuschen. Sie empfangen neben den optischen Signalen eben auch noch viele andere Anzeichen darüber, wie wir uns fühlen, etwa Ausstrahlung, Stimmlage, Mimik und Körpergeruch. Aus der Summe dieser Informationen machen sie sich ihr Bild von uns. Wer sich allein auf die Körpersprache verlässt, kann seinem Hund also nicht signalisieren, dass der sich bei ihm tatsächlich aufgehoben und geführt fühlen kann. Körpersprache entfaltet nur dann ihre Wirkung, wenn sie mit innerer Ruhe und Sicherheit einhergeht. Allerdings ist die Körpersprache ein hilfreiches Werkzeug, zu sich zu finden. Wenn Sie sich aufrichten und sich locker machen, fällt es Ihnen leichter, in einen Zustand der Ruhe und Sicherheit zu kommen. Denn Körper und Psyche stehen in einem ständigen Dialog. Genauso wie schlechte Stimmung sich auf unsere Haltung auswirken kann, lässt sich über den Körper das geistige und seelische Befinden steuern.

»*Die Körpersprache ist ein hilfreiches Werkzeug.*«

Hand in Hand mit der Körpersprache geht bei der Kommunikation mit Hunden auch der Körpereinsatz. Ich merke allerdings immer wieder, dass auch dieses Wort für viele Menschen eine äußerst negative Bedeutung hat. Sie assoziieren damit körperliche Zucht und Strafe. Körpereinsatz bezeichnet aber etwas ganz anderes. Wer einen Hund schlägt, schüttelt oder würgt, fügt ihm Schmerzen zu und belastet das Vertrauen, das das Tier ihm gegenüber hat, schwer und nachhaltig. Diese Art des Körpereinsatzes lehne ich strikt ab. Wer jedoch bei der Kommunikation oder der Erziehung seinen Körper bewusst einsetzt, sendet damit ein Zeichen, das der Hund versteht. Wenn Sie Ihren Vierbeiner zum Beispiel sanft, aber entschieden zurückstupsen oder ihm Ihre Hand vorhalten, wenn er beim Gassigehen nach vorn drängt oder sich etwas nehmen will, das er nicht haben soll, ist das ein deutliches Signal für ihn. Und fast immer muss dieses Signal nur über einen kurzen

Ein kleines Handzeichen genügt, um einem Hund klarzumachen, dass er zum Beispiel zurückbleiben soll.

Mensch und Hund können sich ohne Worte verstehen, wenn wir uns auf unsere natürlichen Instinkte besinnen.

Wenige Worte genügen

Ganz ohne verbale Kommunikation wird die Beziehung zum Hund vermutlich trotzdem nie ablaufen. Wir sind Menschen und die Verbalsprache ist unser gebräuchlichstes Mittel, um uns zu verständigen. Nur weil wir selbst uns mit Wörtern verständigen können, dürfen wir aber nicht den Fehler machen zu denken, wir könnten auch dem Hund beibringen, deren Sinn zu verstehen, damit wir wie gewohnt kommunizieren können.

In Maßen ist der Einsatz von akustischen Signalen völlig in Ordnung und unter bestimmten Umständen auch wichtig. Jeder Hund sollte zum Beispiel bestimmte Kommandos kennen, damit man ihn zurückrufen kann. Eins dürfen Sie jedoch nie vergessen: Die verbale Kommunikation kann der inneren Ausstrahlung und Körperhaltung komplett widersprechen. Der Hund versteht in so einem Fall nie die Worte und reagiert daher nur auf alle anderen Signale. Schimpfen wir ihn beispielsweise, wenn er aufgeregt ist und bellt, wird ihn das nur noch anfeuern. Denn er spürt unsere Aufregung als Schwäche. Auf den Punkt gebracht heißt das: Sie können verbale Befehle geben, weil Sie als Mensch die Verbalsprache benutzen. Aber wichtig ist, dass Sie Ihrem Hund signalisieren, was er tun soll. Und diese Zeichen kommen nur bei ihm an, wenn Sie ruhig und sicher sind.

Ich erkläre das Ganze gern anhand eines praktischen Beispiels: Damit ein Hund lernt, wie er heißt, und gern kommt, wenn Sie ihn rufen, sollten Sie seinen Namen immer nur dann aussprechen, wenn er ruhig und unterwürfig ist. Ein guter Moment dafür ist zum

Zeitraum eingesetzt werden, weil der Hund sehr schnell lernt, was er darf und was nicht. Schließlich machen Sie es ihm auf seine Art verständlich: Körpereinsatz ist ein fester Bestandteil der »Hundesprache«. Hunde verwenden bei der Kommunikation mit anderen Hunden andauernd ihren Körper. Sie nehmen dazu nur nicht wie wir unsere Hände zu Hilfe, sondern ihr Maul. Und daher verstehen sie uns, wenn wir uns ihnen auf diese Art mitteilen.

Den Hund zurückstupsen, weil er sich vordrängeln will, ist keine Tierquälerei. Wenn er dagegen jahrelang an der Leine zieht und das Halsband ihn würgt, weil er meint, die Kontrolle übernehmen zu müssen, ist das sehr wohl eine Qual für ihn. Weil es nicht seiner Natur entspricht.

Beispiel, wenn er ausgeglichen bei Ihnen liegt und Sie ihn streicheln oder kraulen.
In der Realität ist leider oft genau das Gegenteil üblich. Der Name wird vor allem in negativen Situationen benutzt: »Toni, lass das!«, »Toni, nein!«, »Toni, aus!« Der Hund verbindet dadurch seinen Namen mit Aufregung und Unsicherheit. Das bedeutet für ihn Schwäche. Wenn wir dann irgendwann »Toni« rufen, wird er daher nicht kommen.

»Wenn man aufgeregt ist, sollte man besser nicht sprechen. Das ist im Umgang mit Hunden genauso wie unter Menschen.«

Ich gebe zu, dass es viel Zeit und Übung bedarf, die Körpersprache und Mimik von Hunden zu studieren. Der erste Schritt dazu gelingt über das Bewusstsein, dass Hunde einzigartige Individuen sind, die ununterbrochen mit uns kommunizieren. Wenn wir Respekt gegenüber unseren Vierbeinern zeigen, öffnet sich eine Welt, deren Pforten sich für viele von uns schon geschlossen zu haben schienen. Wir sind wieder offen für die Wahrhaftigkeit der Natur. Wir können uns eins fühlen mit unserem Hund. Weil wir auf einer Wellenlänge miteinander kommunizieren. Wir können uns einlassen auf das Wunder Hund.

Was für manche aussieht wie ein Kampf, ist völlig harmlos. Hunde können nun mal nur mit dem Maul rangeln.

WIR KÖNNEN EINE GEMEINSAME SPRACHE FINDEN

Peter Maffay macht seinen Hunden klare Ansagen, die sie nicht falsch auslegen können. Er weiß, dass sie nicht verstehen, was er sagt, sondern nur, wie er es tut.

Der Sänger ist überzeugt, dass jeder Mensch die Sprache des Hundes erlernen kann.

Viele Probleme ließen sich vermeiden, wenn der Hund das tun würde, was sein Mensch ihm sagt. Leider klappt die Kommunikation oft nicht. Haben Sie das Gefühl, dass Ihre Hunde Sie verstehen?

Peter Maffay: Es ist doch schon immer ein Traum des Menschen, die Sprache der Tiere zu verstehen. José hat mir gezeigt, dass dieser Wunsch Wirklichkeit werden kann. Man muss nur viel lernen. Es gibt eine Verbindungstür zwischen Mensch und Tier. Wenn man weiß, wie Tiere sind, dann öffnet sich diese Tür und der Umgang miteinander ist ganz einfach. Dann versteht man das Tier und das Tier versteht einen. José besitzt die unglaubliche Gabe, eine Brücke zu bauen – zur wahren Natur unserer Hunde, zu ihrer Seele.

Hat seine Begabung auch geholfen, die Probleme mit Llamp zu lösen?

Peter Maffay: Llamp war ja im Grunde völlig einsam. Niemand hat sich getraut, ihn anzufassen. Kein Wunder, er hat ja auch immer sofort zugeschnappt. José hat das ziemlich schnell auf den Punkt gebracht: Llamp war in eine Position geraten, die er gar nicht ausfüllen konnte. Mein Weg war also, ihm klarzumachen, dass er nicht die Verantwortung übernehmen muss. Aber auch, dass ich ihm nichts tun würde, wenn er mir nichts täte.
Natürlich kommuniziere ich mit einem Hund anders als mit einem Menschen. Kein Hund der Welt wird verstehen, wenn ich ihm sage, dass er ein Kissen nicht zerrupfen darf, weil es viel Geld gekostet hat. Oder dass er nicht beißen darf, weil mir das wehtut. Hunde denken nicht rational. Trotzdem gibt es Parallelen. Wenn ich zum

Beispiel den Arm hängen lasse und der Hund kann daran schnuppern, wird er wahrscheinlich gelassen auf mich reagieren. Wenn ich aber einfach so die Hand ausstrecke und ihn direkt am Kopf berühre, könnte er das als Bedrohung empfinden. Das ist doch bei uns nicht anders. Wenn mir jemand freundlich die Hand hinstreckt, ist das etwas anderes, als wenn er mir die Faust vors Gesicht hält.

Und wenn der Hund trotzdem sein Ding machen will?

Peter Maffay: Im Grunde genommen sind die Spielregeln ganz einfach: Verhält sich der Hund mir gegenüber aggressiv, muss ich ihm zeigen, dass ich dieses Benehmen nicht hinnehme. Ich muss ihm klarmachen, dass ich den Ton angebe. Dann ordnet er sich unter. Wenn der Hund sich allerdings nur unterwirft, weil er Angst vor mir hat, wird er sich irgendwann in die Enge getrieben fühlen. Kann er mir dann nicht ausweichen, wird er sich aggressiv verhalten und mich schlimmstenfalls beißen. Ich muss ihm also anders verständlich machen, was ich von ihm möchte. Und das gelingt am besten, wenn ich ihm rund um die Uhr zeige, wo es langgeht. Da bin ich mit José absolut auf einer Linie.

Wie schaffe ich das?

Peter Maffay: Durch Haltung, Einstellung, Körpersprache. Ein Hund gibt mir zu verstehen: »Wenn du mich jetzt nicht richtig behandelst, dann beiße ich. Ich kann das.« Und wenn man das respektiert und sich entsprechend verhält, ist das der erste Schritt, sich auf gleicher Augenhöhe zu begegnen. Das Wort Respekt steht auch über der Arbeit von José. Sich auf gleicher Augenhöhe zu begegnen, ist ein wichtiger Aspekt, damit die Beziehung stimmt. Natürlich gleicht kein Hund dem anderen, das ist ja das Schöne. Hunde haben alle einen ganz eigenen Charakter. Diese Erkenntnis ist im Lauf der Jahre bei mir gewachsen. Was ich aber auch gelernt habe, ist, dass alle Hunde dieselbe Sprache verstehen. Und jeder von uns kann mit Josés Hilfe lernen, diese Sprache zu sprechen.

Wenn Hunde fühlen, dass man sie wirklich »anführt«, folgen sie dem Menschen gern und aus freiem Willen.

ÜBER DEN AUTOR

HALLO, ICH BIN JOSÉ ...

... und ich habe dieses Buch geschrieben, um die natürlichen Instinkte in Ihnen wieder zu wecken, mit deren Hilfe Sie Ihren Hund besser verstehen.

Als ich sechs Jahre alt war, fragte ich meinen Vater: »Wie verständigen sich unsere Hunde mit uns?« Und er, der selbst schon immer eine sehr tiefe Verbindung zu Hunden hat, antwortete mir äußerst gefühlvoll: »Mit ihrem Instinkt.« Natürlich habe ich damals die Bedeutung dieses Wortes nicht verstanden. Heute ist mir klar, dass ich schon als Kind diese Instinkte mit den Hunden benutzt habe und sie bis heute nie verloren habe. Nur dadurch ist es mir möglich, Hunde zu verstehen. Denn das Geheimnis einer harmonischen Mensch-Hund-Beziehung liegt tief in unserem Inneren verborgen: Wenn wir den Zugang zu den eigenen Instinkten wiederfinden, können wir Hunden auf gleicher Augenhöhe begegnen. Und nur dann können wir ein echtes Team werden.

»Die meisten Probleme zwischen Mensch und Hund entstehen, weil beide das Verhalten des anderen fehlinterpretieren.«

Meine erste »echte« Erinnerung an Hunde liegt sogar noch ein paar Jahre mehr zurück. Ich war ein kleiner Junge, erst drei Jahre alt. Meine Eltern waren mit mir und meinen Geschwistern bei Freunden auf dem Land. Ich hatte mein Dreirad dabei und bei der erstbesten Gelegenheit machte ich mich auf, die Gegend zu erkunden. Ich fuhr einen Feldweg entlang, bis ich irgendwann an eine Kreuzung gelangte. Ich stieg ab und sah mich ein wenig um. Als ich wenig später wieder umdrehen wollte, wusste ich plötzlich nicht mehr, aus welcher Richtung ich gekommen war. Nach kurzer Zeit war ich so verzweifelt, dass ich mein Dreirad einfach stehen ließ und in das reife Kornfeld hineinlief. Was natürlich das Dümmste war, was ich machen konnte, denn dort fühlte ich mich schnell total verloren. Plötzlich vernahm ich Hundegebell und bemerkte, dass drei Hunde mich »eingekreist« hatten. Das machte mir zuerst Angst, aber als ich die drei kurz darauf durch das Feld springen sah, folgte ich ihnen einfach. Sie führten mich zurück zu einem Feldweg, wo ich eine Frau auf einem Eselkarren sah, die mich schließlich nach Hause brachte. Ich hatte den Hunden instinktiv vertraut und sie hatten mich gerettet.

»Um seinen Hund zu verstehen, ist es wichtig, erst einmal zu seinen eigenen ureigenen Instinkten zurückfinden.«

Ihr Hund braucht Sie

Ich habe einen natürlichen Instinkt, mit Menschen und Hunden umzugehen. Ich erkenne sofort, wo der Mensch Fehler gemacht hat. Indem ich den Menschen therapiere, kann ich dem Hund helfen. Durch innere Ausstrahlung und Energie sowie Berührungen erreiche ich die Instinkte des Hundes und kann die natürliche und artgerechte Ordnung wiederherstellen. Kein Hund muss eingeschläfert werden!

Hunde benehmen sich nicht bewusst »unmöglich«, um uns zu ärgern oder zu tyrannisieren. Sie folgen lediglich ihren natürlichen Instinkten. Ich möchte bei den Menschen einen Schalter umlegen, damit sie erkennen, was in ihrem Hund vorgeht. Nur so finden sie den Weg zueinander und können Probleme aus der Welt schaffen.

Der Weg zum ausgeglichenen Hund führt also zuerst einmal zu uns selbst. Nur wenn wir wieder ein Gefühl für die Instinkte des Hundes entwickeln, Verantwortung für unsere Hunde übernehmen und lernen, hundeverständlich zu handeln, werden sie uns vertrauen. Das Wohlergehen unserer Hunde liegt in unseren Händen.

Angekommen! Auf Mallorca habe ich gefunden, was mich erfüllt: Die Arbeit mit Hunden und Menschen.

Hunde sind uns in vielen Dingen sehr ähnlich. Und vermutlich kann gerade deshalb das Zusammenleben mit ihnen für beide Seiten so erfüllend sein. Wegen der Ähnlichkeit besteht aber auch die Gefahr, dass wir unsere Vierbeiner vermenschlichen. Wir vergessen dann, dass sie von Natur aus ganz andere Bedürfnisse haben als wir selbst. Wenn diese auf Dauer unerfüllt bleiben, geht es dem Hund nicht gut. Er leidet. Und der Mensch bekommt die Auswirkungen ebenfalls sehr

ÜBER DEN AUTOR

deutlich zu spüren. Denn ein Hund, der nicht so leben darf, wie es seiner Natur entspricht, bereitet Probleme. Er folgt nicht beim Gassigehen, zerrt an der Leine, kann nicht allein bleiben, macht beim Autofahren einen Mordsaufstand, steigt nicht ins Auto, fällt Jogger an, schnappt vielleicht sogar zu und, und, und. Er ist das Gegenteil von dem Hund, den wir uns wünschen, und das kann die Beziehung zu ihm enorm belasten.

All das würde nicht passieren, wenn wir den natürlichen Instinkten des Hundes mehr Respekt entgegenbringen würden.
Unsere Hunde verlangen nicht viel von uns. Im Grunde suchen sie vor allem eins: Sicherheit. Im Gegenzug dafür, dass wir die Verantwortung übernehmen, sind sie bereit, uns unendlich viel zu geben: absolute Treue! Es sollte uns ein Leichtes sein, ihre Bedürfnisse zu erfüllen.

An meinen Hunden kann ich beobachten, wie ein Rudel funktioniert und wie die Tiere kommunizieren.

*»Wenn ein Hund
     Probleme macht, hat
er ein Problem mit
     seinem Menschen.«*

Hunde sind Rudeltiere und wollen daher auch mit uns in einer echten Gemeinschaft leben. Aber sie brauchen uns als Anführer, die Verantwortung übernehmen und ihnen zeigen, wo es langgeht. Sie sind nicht dafür ausgestattet, sich allein in unserer Menschenwelt zurechtzufinden. Doch sie werden instinktiv in die Rolle des Anführers fallen, wenn wir nicht in der Lage sind, ihnen den Halt zu geben, den sie brauchen. Das liegt in ihrer Natur, denn ein »Rudel« braucht einen Anführer, einen Chef, einen Verantwortlichen, um zu überleben. Wenn der Mensch diese Position nicht einnimmt, muss der Hund es eben tun. Er tut das nicht, weil er sich bewusst dafür entscheidet. Er tut es, weil ein genetischer Code ihn so gepolt hat. Es gibt ein paar eindeutige Indizien dafür, dass ein Hund versucht, die Kontrolle zu übernehmen: Er läuft schlecht an der Leine, bellt viel, verhält sich aggressiv gegenüber seinen Artgenossen und anderen Menschen und greift manchmal sogar seine eigene »Familie« an, wenn jemand ohne es zu wissen, seine Privilegien infrage stellt. Er sieht es als seine Aufgabe an, die Umgebung zu kontrollieren, seine Gruppe zu beschützen und eigene Vorrechte zu verteidigen, zum Beispiel sein Futter. Für den Hund bedeutet all das puren

Hunde sind ein wichtiger Teil meines Lebens. Ich freue mich einfach, wenn es ihnen gutgeht.

Ein Hund spürt sofort, ob wir es ernst damit meinen, dass wir die Verantwortung für ihn übernehmen wollen.

Stress. Denn er ist nicht zum Anführer geschaffen und würde uns viel lieber einfach folgen. Das ist sein Instinkt. Daher ist es so wichtig, dass wir ihm immer wieder signalisieren, dass er sich um nichts kümmern braucht, weil wir alles im Griff haben. Hunde haben ein sehr feines Gespür für unsere Ausstrahlung. Sie spüren, ob wir, in dem, was wir tun, wirklich ruhig und sicher sind, oder ob wir das nur vorspielen. Daher ist der erste Schritt, einen eigenen Weg zu innerer Ruhe und Sicherheit zu finden. Der Hund muss ununterbrochen spüren, dass wir es ernst meinen mit unserer Aufgabe als Anführer, Chef, Verantwortlicher und dass er sich den ganzen Tag an uns orientieren kann, egal ob zu Hause oder außerhalb der eigenen vier Wände. Nur dann kann er die Position des Folgers einnehmen, in der er sich wohlfühlt, weil sie seiner Natur entspricht.

Nicht weniger wichtig ist es, dem Hund das, was wir von ihm erwarten, so zu verstehen zu geben, dass er uns auch verstehen kann. Unsere Verbalsprache ist dazu nur sehr eingeschränkt geeignet. Stattdessen läuft auch hier sehr viel über die innere Ausstrahlung und die Körpersprache. Wenn Sie das bei der Kommunikation mit Ihrem Hund berücksichtigen, werden Sie schnell einen guten Draht zueinander finden.

Alles, was wir tun müssen, ist, unseren Hunden zu vermitteln, dass sie sich bei uns fallen lassen können, dass wir die Verantwortung für sie übernehmen und dass sie nichts machen müssen, als uns zu folgen. Und damit meine ich nicht, dass sie uns gehorchen sollen, sondern dass sie sich von uns wohlbehütet durchs Leben führen lassen. Weil wir ihnen die Sicherheit und Ruhe geben, die dazu nötig ist.

»Wenn der Hund die Führung übernehmen muss, zieht das zwangsläufig Probleme nach sich. Denn er behauptet seine Chefposition nicht mit den Mitteln eines Menschen, sondern mit denen eines Tieres.«

Hallo, ich bin José ...

Ich habe mir immer ein eigenes Pferd gewünscht. In meinem Reha-Zentrum wurde der Traum Wirklichkeit.

Wie ich wurde, wer ich bin

Seit ich mich erinnern kann, beobachte ich Hunde. Mein Glück war, dass ich meine Kindheit am Stadtrand von Palma verbracht habe. Unser Kinderleben fand zum Großteil auf der Straße statt. Fast alle Nachbarn hatten einen Hund und weil die Türen damals eigentlich immer offen standen, konnten die Hunde rein und raus, wie sie wollten. Sie lagen vor den Häusern und liefen auf der Straße herum – und wir spielten mitten unter ihnen. Die Hunde bellten uns nicht an, sie bissen uns nicht und machten auch sonst keine Probleme. Es schien auch, als ob sie sich alle untereinander gut verstanden. Wer das Szenario von außen betrachtete, hätte es wohl eine Idylle genannt. Für mich aber war das alles ganz normal.

Heute weiß ich: Diese Hunde kamen alle aus ausgeglichenen Familien, in denen es Strukturen und Regeln gab. Sie fühlten sich res-

ÜBER DEN AUTOR

pektiert und haben daher uns respektiert. Auch unter den Hunden gab es keinen »Klärungsbedarf«. Alles hatte seine Ordnung. Ich erinnere mich zum Beispiel gut an den Schäferhund des Tischlers, der immer vor der offenen Werkstatttür lag. Und an Whiskey, eine kleine Promenadenmischung, der im Haus nebenan lebte und mittags immer zur Oma dieser Familie kam, um etwas zu fressen. Dafür nahm er jedes Mal einen Umweg in Kauf, um nicht das Territorium des Schäferhunds zu durchqueren. Selbst wenn dieser einmal nicht da war, machte er diesen Bogen. Er respektierte ganz einfach das »Revier« des anderen. Und genauso respektierten sich alle Hunde gegenseitig.

Das veränderte sich, als ein paar Jahre später neue Wohnblocks in unsere Straße gebaut wurden. Plötzlich waren viel mehr Menschen, Mopeds und Autos unterwegs. Auf den Straßen war kein Platz mehr für spielende Kinder und Hunde.

Das ganze Umfeld änderte sich. Während jeder Hund bisher ein »Menschenrudel« und

Erst komme ich, dann das Pferd: Wegen dieser klaren Rangfolge gibt es unter den Tieren keine Probleme.

ein »Hunderudel« hatte, lebte er jetzt nur noch in der Familie. Man musste überlegen, wo man Gassi ging, den Hund an die Leine nehmen und darauf achten, wo er sein Geschäft verrichten konnte. Und damit begannen die Probleme: Auf der Straße zerrten die Hunde an der Leine. Sie bellten von Balkonen und hier und da kam es zu Beißereien. In den Hausfluren hingen immer wieder Flugblätter, dass ein Hund abhandengekommen sei. Das Leben war auch für unsere Vierbeiner nicht mehr so friedlich wie zuvor. Weil Hunde mich schon immer fasziniert haben, fiel mir das alles schon damals auf. Ich war ungefähr 13 Jahre alt, als ich auf einer Hundewiese einen Mann sah, der immer wieder seinen Hund rief, der aber keinerlei Anstalten machte, zu folgen. Ohne viel zu überlegen, sagte ich zu dem Mann, dass es kein Wunder sei, dass sein Hund nicht zu ihm käme. Ich kann mich gar nicht mehr erinnern, was ich genau als Begründung angab und warum ich mich überhaupt eingemischt habe. Irgendwie passierte das ganz automatisch, ich hatte vorher nicht viel darüber nachgedacht. Was ich aber noch sehr gut weiß, ist, dass der Mann extrem negativ reagierte und mich wüst beschimpfte. Meine Eltern versuchten mir zu erklären, dass jeder mit seinem Hund machen könne, was er wolle, auch wenn viele dabei einiges falsch machten. Und dass niemand es gut fände, dass man sich in seine Dinge einmischt. Das müsse ich akzeptieren. Und so begann eine Phase, die ich bis heute als grundlegend für meine Arbeit ansehe: Ich wurde zu einem Beobachter. Wie Hunde miteinander umgehen, hatte ich schon als Kind erlebt. Jetzt

»Es hat mich belastet zu sehen, dass so viele Hunde falsch beurteilt werden und keine Chance bekommen. Ich wollte ihnen helfen.«

beobachtete ich, wie Menschen mit ihren Vierbeinern umgingen. Was ich sah, habe ich analysiert und mir meine Gedanken gemacht. Nur für mich.

Viele Jahre später, ich war längst erwachsen und hatte einen Beruf, fiel mir auf, dass immer öfter von sogenannten Problemhunden berichtet wurde, die Kinder gebissen und schwer verletzt hatten und deshalb eingeschläfert werden sollten. Und irgendwann bemerkte ich auch, dass in mir der Wunsch wuchs, diesen Hunden zu helfen. Ich wollte das, was ich in all den Jahren durch Beobachtung gelernt hatte, an andere Menschen weitergeben und ihnen so helfen, besser mit ihren Hunden zurechtzukommen. Ich wollte ihnen zeigen, wie sie Probleme lösen können und sich besser mit ihren Hunden verstehen. Heute lebe ich mit meinem Hunderudel und meinen Pferden auf Mallorca und habe dort ein Reha-Zentrum für traumatisierte und aggressive Hunde. Hunde, die als hoffnungsloser Fall abgestempelt wurden und denen niemand mehr helfen würde. Ich gebe diesen falsch beurteilten Hunden eine Chance und kläre die Menschen auf. Von Mallorca aus helfe ich meinen Kunden, ihre Hunde besser zu verstehen und Probleme zu lösen.

Hector kurz vor dem Arbeitseinsatz. Egal, was ihn hinter der Türe erwartet: Ich kann mich auf ihn verlassen.

WIE MEINE HUNDE MIR BEI MEINER ARBEIT HELFEN

Mein Ziel ist es, möglichst vielen Menschen zu zeigen, wie sie Probleme in der Beziehung zu ihrem Hund lösen können und sich besser mit ihrem Vierbeiner verstehen. Ich möchte ihnen helfen, die Bedürfnisse ihres Hundes zu erkennen und ihre eigenen natürlichen Instinkte im Umgang mit ihm wiedererwecken. Manchmal kann ich das aber nicht allein. Dann lasse ich mir selbst von meinen Hunden helfen.

Meine Hunde bringen mich zur Ruhe und zurück zu meinen Wurzeln. Wenn ich nicht gleich erkenne, was bei einem Hund falsch läuft, geben sie mir die Antwort – indem ich mit ihnen bin und sie beobachte. Sie zeigen mir, wie Hunde sind. Sie geben mir Geborgenheit und sind zugleich meine »Lehrer«. Wenn ich einen Hund in mein Reha-Zentrum aufnehme, übernimmt mein Rudel einen Großteil der »Umerziehung«. Unter seinesgleichen findet ein Hund sehr schnell wieder in seine ihm angestammte Position. Hier gehört er zu einer Gruppe und findet seinen Platz. Schon nach ein paar Tagen ist die Balance wiederhergestellt und ich kann anfangen, mit ihm zu üben. Die Sicherheit und Ruhe, die er bei mir und meinen Hunden findet, ermöglicht es ihm, die Kontrolle abzugeben. Er lässt sich wieder führen, auch in »brenzligen« Situationen, die bisher gern eskalierten. Das alles gelingt, weil ich den Hund mental wieder auf einen artgerechten Punkt »zurückstelle«. Genau das kann jeder Hundehalter auch mit seinem eigenen Vierbeiner tun. Er muss dazu nur ein paar Geheimnisse beachten, um den Hund zu erden und selbst (wieder) in die Rolle eines verantwortungsvollen Anführers zu schlüpfen. In meinem Rudel brauche ich einen Hund, zu dem ich eine ganz besonders feste Verbindung habe. Dieser Hund ist Hector. Er war acht Wochen alt, als er zu mir kam und hat von Anfang an mit Reha-Hunden zusammengelebt. Schon als er noch ganz jung war, habe ich erkannt, dass er besonders an mir hing. In jedem Wurf gibt es ja verschiedene Charaktere. Der eine Welpe ist besonders selbstsicher, der andere eher unsicher. Einer gerät besonders schnell in Panik, ein anderer ist besonders neugierig oder verspielt, und ein dritter verhält sich Menschen gegenüber besonders loyal. Genau so ein Welpe war Hector. Ich habe seine Gabe gefördert, indem ich ihn nach seinen Instinkten leben ließ und ihm Sicherheit und Führung gab. Und Hector hat mich nicht enttäuscht. Er ist einfach ein wunderbarer Hund.

Hector ist einmalig. Er bringt einfach alles mit, was einen guten Therapiehund ausmacht.

Ich fühle mich nirgends so wohl, wie im Kreis meiner Hunde. Hier bin ich ganz bei mir selbst.

Hector ist deshalb so eine wichtige Hilfe für mich, weil andere Hunde durch ihn und sein Verhalten wahrnehmen, welche Verbindung wir zueinander haben. Dass sie mir vertrauen können, wie er es tut. Wenn ich zum Beispiel einem meiner Hund beibringen möchte, neben meinem Pferd herzulaufen, nehme ich Hector mit. An ihm kann sich der andere orientieren. Auch wenn ich einen Hund zu einem Kunden mitnehme, ist das oft Hector. Er weiß in solchen Momenten natürlich nicht, dass er arbeitet. Für ihn ist es völlig normal, an meiner Seite zu sein. Sicher und ruhig. Wenn ein Hund zum Beispiel Probleme mit anderen Hunden hat und ich den Kunden besuche, warte ich mit Hector vor der Tür, bis man uns öffnet. Wenn der andere

»*Der Hund ist ein Spiegel unserer eigenen Sicherheit oder Unsicherheit.*«

Hund Hector sieht, ist er verunsichert. Er wird also entweder weglaufen und sich irgendwo in der Wohnung verkriechen oder ihn attackieren. Wenn er sich versteckt, gehen Hector und ich ohne Aufregung in die Wohnung. Ich rede mit dem Besitzer und Hector liegt neben mir. Wenn der andere Hund irgendwann kommt, darf er an ihm schnuppern. Hector weiß, dass er dies in der fremden Wohnung mit sich lassen machen muss. Er ist geduldig und ausgeglichen. Dadurch kann sich der andere Hund entspannen. Auch wenn der Hund zunächst aggressiv reagiert, bleibt Hector ruhig. Er weiß, dass ich nie zulassen würde, dass ihm etwas geschieht und verhindern werde, dass der Angreifer ihm zu nahe kommt. Wenn der nach einiger Zeit merkt, dass Hector ihm seine Stellung nicht streitig macht, beruhigt er sich und setzt irgendwann seine Nase ein. Dann darf er an Hector riechen.

Natürlich bedeutet das noch nicht, dass der Hund »geheilt« und alle Probleme aus der Welt geschafft wären. Dazu ist schon ein bisschen mehr nötig. Aber Hector hilft, Normalität in den Hund zu bringen und seinem Besitzer die Augen zu öffnen. Er sieht durch ihn, was möglich ist. Er kann erleben, was ich ihm erkläre: dass Hunde instinktiv ruhig werden, wenn sie Ruhe und Sicherheit spüren. Hector hilft mir, die Türen zu diesem Bewusstsein zu öffnen.

ICH MÖCHTE BRÜCKEN BAUEN

Es gibt wohl nirgendwo auf der Welt einen Hundebesitzer, der sich nicht einen ruhigen, sicheren und ausgeglichenen Hund und eine

> »Meine Hunde geben mir die innere Ruhe, die ich brauche, um anderen Hunden zu helfen.«

gute, vertrauensvolle Beziehung wünscht. Und ich wünsche mir, dass dieser Wunsch für so viele Menschen wie möglich Wirklichkeit wird. In jedem von uns schlummern die natürlichen Instinkte, die es uns leicht machen, auf einer Ebene mit unseren Hunden zu kommunizieren. Dieses Buch soll helfen, sie wieder an die Oberfläche zu bringen. Ich habe es für alle Menschen geschrieben, die ihren Vierbeiner besser verstehen wollen. Hunde haben sich zwar über die Jahrtausende nahezu perfekt an unseren Lebensstil angepasst. Aber sie sind immer noch Hunde. Nur wenn sie wie solche leben können, geht es ihnen richtig gut. Und wenn es unseren Hunden gut geht, können auch wir das Zusammenleben mit ihnen jede Sekunde genießen. Dann ist es einfach nur wunderschön, einen Hund zu haben.

Register

A
Aktion 39
Allein bleiben 125, 127
–, üben 128
Anführer 36, 39, 79 f., 99, 117, 179
Angewohnheiten, schlechte 11
Anstupsen 106
Arbeitshunde 92
Artgerechte Haltung 69
Aufgaben 87, 90
Ausdruckszonen im Gesicht 151
Ausnahmen 53 f.
Ausstrahlung 51, 54, 56, 151, 159, 161, 163, 166 ff., 170, 177, 180
Autofahren üben 134

B
Ballspielen 121
–, richtiges 122
Bauchgefühl 66
Begrüßen 57, 132
Bellen 49, 50 f., 54, 64, 76, 101, 152
Beschäftigung 87, 128
Bindung 118, 122, 133, 160
Biorhythmus 128

D
Diszipliniertes Gassigehen 97 ff.
Domestizierung 12, 64, 89
Dominanz 21, 46, 81, 121, 132, 151
Dominante Haltung 101

E
Emotionen 73, 132

F
Fight-or-flight-Instinkt 65
Flucht 39
Führung übernehmen 33
Füttern 109
–, Probleme beim 110

G
Garten 17, 94
Gassigehen, aufbrechen 99, 107
–, diszipliniertes 97 ff.
Gefühle 74, 79
–, zeigen 57
Geruchsbild 149
Geruchsrezeptoren 46, 143
Geruchssinn 46, 143 f., 147
Geschmackssinn 143
Grenzen 63
–, setzen 52, 57, 152
–, überschreiten 54

H
Haltung, artgerechte 69
–, dominante 101
–, innere 165
Hierarchie 45, 59, 63, 69
Hörsinn 143, 144, 146
Hundebox 136

I
Innere Haltung 165
Instinkte 24, 25, 40, 43, 61, 66, 89, 163, 165, 168, 176, 184

J
Jagdhund 92
Jagdinstinkt 64, 121

K
Katze 23, 24
Kauknochen 57
Klare Strukturen 45, 63
Kleidung 71, 82
Kommandos 156
Kommunikation 141, 180
–, Missverständnisse 155
Konditionierung 54, 91, 92
Konflikte mit anderen Hunden 102
Körpereinsatz 169 f.
Körperhaltung 20, 151, 155, 167, 170
Körpersignale 167
Körpersprache 54, 101, 118, 143, 150 f., 155, 161, 163, 165 f., 168 ff., 171, 173, 180
Küchenverbot 52
Kuscheln 46, 80 f., 159

L
Leine 104
Leinenführigkeit 105
Lernen 118, 128

M
Mitleid 75, 77, 79

N
Name 72, 170
Natürlicher Ruherhythmus 125

O
Oxytocin 80

P
Pferd 24
Platz 127
Prä-Domestizierung-Instinkte 64
Problemhunde 27

R
Rangfolge 22, 63
Rangordnung 12, 58, 151
Regeln 52, 54, 63
–, Ausnahmen 53 f.
Reisen 136
Rollen, vertauschte 41
Rückzugsort 127
Rudel 14 f., 26, 35 f., 89, 117 f.
Rudelinstinkt, sozialer 63 f.
Rufen 170
Ruhe 115
Ruherhythmus, natürlicher 125
Ruheübung 30

S
Schimpfen 159, 170
Schlaf 118, 121
Schlechte Angewohnheiten 11
Schuhe 56
Schwäche 77, 79 ff., 132, 159, 170
Sehsinn 143 f.
Sozialer Rudelinstinkt 63 f.
Spazierengehen 94
Spielen 46, 122
Spielzeug 57
Sprache, taktile 151
Stadthund 94
Stopp-Signal 56, 106, 122, 133, 169
Straßenhunde 15, 26, 35
Streicheln 80 f., 159
Stress 41, 46, 94, 100, 118, 121, 180
Strukturen, klare 45, 63

T
Taktile Sprache 151
Tastsinn 143
Territorium 63 f.
Training 54, 91, 93, 156
Trauer 75, 79
Träume 125

U
Unrechtsempfinden 54
Unsicherheit 51, 77
Unterwerfung 42
Unterwürfigkeit 21

V
Verbalsprache 54, 156, 159, 170, 180
Vermenschlichung 71, 72 f., 83, 177
Vertauschte Rollen 41
Vertrauen 30 f.

W
Wasser 111
Welpe 63, 77, 121, 143 f.
–, kennenlernen 81
Wolf 12, 26, 63, 89

Z
Zurückstupsen 56, 133, 169, 170

DANK DES AUTORS

Danke, Peter, dass du dir die Zeit genommen hast, für dieses Buch über dich und deine Hunde zu erzählen. Sylvie danke ich, dass sie immer die richtigen Worte gefunden hat.

Bücher und Adressen, die weiterhelfen

BÜCHER

Beck, Elisabeth: **Wer denken will, muss fühlen: Mit Herz und Verstand zu einem besseren Umgang mit Hunden.** Kynos Verlag

Birmelin, Immanuel: **Macho oder Mimose. So erkennen Sie die Persönlichkeit Ihres Hundes und schaffen eine innige Beziehung.** GRÄFE UND UNZER VERLAG

Bloch, Günther: **Der Wolf im Hundepelz: Hundeerziehung aus unterschiedlichen Perspektiven.** Franckh-Kosmos Verlag

Feddersen-Petersen, Dorit U.: **Hundepsychologie: Sozialverhalten und Wesen. Emotionen und Individualität.** Franckh-Kosmos Verlag

Horowitz, Alexandra: **Was denkt der Hund? Wie er die Welt wahrnimmt – und uns.** Spektrum Akademischer Verlag

Lindner, Ronald: **300 Fragen zum Hundeverhalten.** GRÄFE UND UNZER VERLAG

Nestler, Astrid: **Welche Hunderasse passt zu mir?** GRÄFE UND UNZER VERLAG

Schmidt-Röger, Heike: **Hunde. Das große Praxisbuch.** GRÄFE UND UNZER VERLAG

Wechsung, Silke: **Die Psychologie der Mensch-Hund-Beziehung.** Cadmos Verlag

Wolf, Andrea: **Dein Hund – dein Spiegel. Was das Verhalten des Tieres über seinen Menschen verrät.** Koha Verlag

ZEITSCHRIFTEN

Dogs. Gruner + Jahr, Hamburg, www.dogs.de

Partner Hund. Ein Herz für Tiere Media GmbH, Ismaning, www.partner-hund.de

ADRESSEN

Verband für das Deutsche Hundewesen e. V. (VDH)
Westfalendamm 174
44141 Dortmund
www.vdh.de

Österreichischer Kynologenverband (ÖKV)
Siegfried Marcus-Str. 7
A-2362 Biedermannsdorf
www.oekv.at

Schweizerische Kynologische Gesellschaft (SKG / SCS)
Brunnmattstr. 24
CH-3007 Bern
www.skg.ch

Berufsverband der Hundeerzieher / innen und Verhaltensberater / innen e. V. (BHV)
Auf der Lind 3
65529 Waldems-Esch
www.bhv-net.de

INTERNETADRESSEN

www.jose-arce.com
Internetseite des Autors

www.mensch-heimtier.de
Der Forschungskreis Heimtiere in der Gesellschaft beschäftigt sich insbesondere mit der Beziehung zwischen Menschen und Heimtieren.

Die werden Sie auch lieben.

ISBN 978-3-8338-3476-9

ISBN 978-3-8338-2645-0

ISBN 978-3-8338-3444-8

ISBN 978-3-8338-4140-8

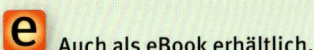 Auch als eBook erhältlich.

ISBN 978-3-8338-3445-5

ISBN 978-3-7742-5771-9

Mehr von GU auf www.gu.de und
facebook.com/gu.verlag

Willkommen im Leben.

IMPRESSUM

© 2014 GRÄFE UND UNZER VERLAG GmbH, München
Alle Rechte vorbehalten. Nachdruck. Auch auszugsweise, sowie Verbreitung durch Bild, Funk, Fernsehen und Internet, durch fotomechanische Wiedergabe, Tonträger und Datenverarbeitungssysteme jeder Art nur mit schriftlicher Genehmigung des Verlages.

Projektleitung: Maria Hellstern
Mitarbeit am Text und Lektorat: Sylvie Hinderberger
Bildredaktion: Petra Ender
Umschlaggestaltung und Layout: independent Medien Design, Horst Moser, München
Herstellung: Susanne Mühldorfer
Satz: Christopher Hammond
Reproduktion: Longo AG, Bozen
Druck: aprinta, Wemding
Bindung: m. appl, Wemding

Umwelthinweis: Dieses Buch ist auf PEFC-zertifiziertem Papier aus nachhaltiger Waldwirtschaft gedruckt.

ISBN: 978-3-8338-3681-7

2. Auflage 2014

DIE FOTOGRAFIN:

Debra Bardowicks ist schon seit ihrer Kindheit von Tieren fasziniert. Mit ihrem Beruf verbindet sie ihre beiden Leidenschaften: Tiere und Fotografie. Als freie Fotografin reist sie für ihre spannenden Projekte um die Welt. Zahlreiche Bilder von ihr findet man in Zeitschriften und Büchern. Tierfotos von Debra Bardowicks gibt es im Internet unter www.animal-photography.de

BILDNACHWEIS:

Alle Bilder in diesem Buch stammen von Debra Bardowicks, mit Ausnahme von: Tatjana Drewka: 21, 23, 38, 51, 113, 119, 145-1, 148, 162; Getty Images: 24, 34, 71, 92, 95, 116, 126, 129, 139, 149, 152; Oliver Giel: 104; Imago: 10, 16, 20, 68, 70, 130, 144, 173; Jan Kohlrusch: Cover; Matias Kovacic: 72, 78; Mauritius: 48, 75, 100, 154; Margarethe Olschewski: 58, 112, 172; Andreas Ortner: 7, 84, 138; Plainpicture: 53; Shutterstock: 58-59, 84-85, 112-113, 138-139, 172-173 (Hintergründe), 74; Tierfotoagentur: 6, 12, 28, 59, 62, 73, 81, 88, 90, 93, 108, 142, 145-2, 150, 157, 160, 171.

Syndication: www.jalag-syndication.de

Liebe Leserin, lieber Leser,
haben wir Ihre Erwartungen erfüllt? Sind Sie mit diesem Buch zufrieden? Haben Sie weitere Fragen zu diesem Thema? Wir freuen uns auf Ihre Rückmeldung, auf Lob, Kritik und Anregungen, damit wir für Sie immer besser werden können.

GRÄFE UND UNZER Verlag
Leserservice
Postfach 86 03 13
81630 München
E-Mail:
leserservice@graefe-und-unzer.de

Telefon: 00800 / 72 37 33 33*
Telefax: 00800 / 50 12 05 44*
Mo–Do: 8.00–18.00 Uhr
Fr: 8.00–16.00 Uhr
(* gebührenfrei in D, A, CH)

Ihr GRÄFE UND UNZER Verlag
Der erste Ratgeberverlag – seit 1722.

WICHTIGE HINWEISE:

Die Haltungsregeln in diesem Buch beziehen sich auf gesunde und charakterlich einwandfreie Hunde. Es gibt Hunde, die aufgrund mangelhafter Sozialisierung oder schlechter Erfahrung mit Menschen in ihrem Verhalten auffällig sind und eventuell zum Beißen neigen. Solche Tiere sollten nur von Hundekennern gehalten werden.

www.facebook.com/gu.verlag

»Der **Weg** zum Hund
ist ein innerer **Weg,**
kein **technischer.**«

José Arce